高等院校规划教材
电子信息系列

通信电子线路
实验教程

主 编◎翟 葵　杨 杨　谢苗苗
副主编◎丁大为　钟玲玲　张 芬
　　　　许会芳

COMMUNICATION ELECTRONIC CIRCUIT
EXPERIMENTAL GUIDE

图书在版编目(CIP)数据

通信电子线路实验教程/翟葵,杨杨,谢苗苗主编.—合肥:安徽大学出版社,2023.6(2024.12重印)

ISBN 978-7-5664-2548-5

Ⅰ.①通… Ⅱ.①翟… ②杨… ③谢… Ⅲ.①通信系统—电子电路—高等学校—教材 Ⅳ.①TN91

中国版本图书馆 CIP 数据核字(2022)第 248802 号

通信电子线路实验教程
Tongxin Dianzi Xianlu Shiyan Jiaocheng

翟 葵 杨 杨 谢苗苗 主编

出版发行:	北京师范大学出版集团 安 徽 大 学 出 版 社 (安徽省合肥市肥西路 3 号 邮编230039) www.bnupg.com www.ahupress.com.cn
印　刷:	合肥远东印务有限责任公司
经　销:	全国新华书店
开　本:	787 mm×1092 mm　1/16
印　张:	10.75
插　页:	1.25
字　数:	228 千字
版　次:	2023 年 6 月第 1 版
印　次:	2024 年 12 月第 2 次印刷
定　价:	43.00 元

ISBN 978-7-5664-2548-5

策划编辑:	刘中飞　武溪溪	装帧设计:	李　军
责任编辑:	武溪溪	美术编辑:	李　军
责任校对:	陈玉婷	责任印制:	赵明炎

版权所有　侵权必究

反盗版、侵权举报电话:0551—65106311
外埠邮购电话:0551—65107716
本书如有印装质量问题,请与印制管理部联系调换。
印制管理部电话:0551—65106311

前言

Foreword

　　为适应通信电子新技术的发展,推动课程实验与通信工程实际接轨,为学生今后的持续学习和科研提供有意义、真实的训练,编者结合20多年通信(高频)电子线路理论课程和实验课程的教学经验,从实际应用出发,编写了此实验教程。本教程尽量做到贴近工程应用、提供学习方法和拓展实验技能,让学生通过实验训练提高实验能力,认识学习通信电子线路的复杂性;在掌握电子测量技术及其规范的基础上,确保实验过程熟练、实验数据准确,逐渐形成良好的操作习惯;同时,通过学习通信电子线路的基础电路和测试方法,提高未来深入学习和工作的能力。

　　本教程第1章和第2章主要给出实验的基本要求和通信电子线路实验的要点。第3章和第4章从工程实际需求考虑,简要介绍几种常用的仪器及使用方法,提供实验数据获得和正确处理的方法,让学生真正掌握完成复杂通信电子线路实验的能力,也为今后的专业学习提供思路和方法。第1章至第4章是实验的预备知识,第5章包括11个常规实验,与理论课程全面衔接,这些实验所用到的电路材料是国内相关实验设备供应企业能够提供的。学生也可以根据我们提供的单元电路自行设计系统实验。在每个实验中,对实验过程中常见的问题与理论知识点进行归纳、分析和总结,给出相应的解决方案和思路,让学生知道为什么要做实验,如何做好实验,出现问题时该如何解决。第6章设置6个不同层次的设计型实验,可以作为课程设计的基础题目。最后的附录部分包含主要实验的实际波形和信号参考图,可在实验过程中参考。

　　本教程集通信电子线路基础实验、课程设计和工程实训三种课程内容为一体,在内容选择上循序渐进,具有广泛的通用性和实用性。在编写过程中,力求电路原理清楚,知识重点突出,实验要求明确;实验电路设计与课程内容体现重点电路的原理与实际状态,实验要素的选择准确,具有广泛的代表性;将理论分析与实际操作相结合,以理论指导实践,以实践验证基本原理。本教程编写的宗旨是提高学生分析问题、解决问题的能力以及动手能力,可作为国内高校通信(高频)电子线路实验课程的指导用书，也可以用于课程设计及实训课程教学。本教程由翟葵、杨杨和谢苗苗主编，丁大为、钟玲玲、张芬和许会芳担任副主编，许先璠教授审稿。翟葵编写第1~4章、第6章和附录，杨杨编写第5章，谢苗苗负责实验电路设计和实验报告要求的编写，丁大为、钟玲玲、张芬和许会芳参与本书规划及实验验证工作。本书的出版得到安徽大学电子线路教研组老师的帮助和武汉凌特电子技术公司和固纬电子(苏州)有限公司等单位的大力支持，在此表示感谢。

由于编者水平有限，书中难免有错漏之处，恳请广大师生批评指正。

编 者

2022年10月

第1章	绪论 ·· 1

1.1 通信电子线路现状和发展 ································· 1
1.2 做好通信电子线路实验的重要因素 ····················· 5
1.3 电子测量技术在通信电子线路中的应用 ············· 7

第2章 通信电子线路实验基本规范和要求 ············· 10

2.1 通信电子线路实验总体要求 ······························ 10
2.2 通信电子线路实验相关的基本电路及其特点 ······ 14

第3章 通信电子线路实验仪器及测量工艺规范 ······ 18

3.1 通用信号源 ·· 18
3.2 时域测量示波器 ··· 28
3.3 频域测量 ·· 42
3.4 阻抗测量和测试连接头选择 ······························ 52

第4章 误差与数据处理 ··· 63

4.1 误差的概念与表示方法 ····································· 63
4.2 随机误差、系统误差和粗大误差的特性 ············· 65
4.3 随机误差的统计处理方法 ································· 73
4.4 实验测量数据处理方法 ····································· 74

第5章 通信电子线路基本实验 ·································· 82

5.1 高频小信号调谐放大器实验 ······························ 82
5.2 非线性丙类功率放大器实验 ······························ 89
5.3 三点式正弦波振荡器 ·· 96
5.4 晶体振荡器与压控振荡器 ································· 100
5.5 二极管双平衡混频器 ·· 103
5.6 模拟乘法混频 ··· 108
5.7 模拟乘法器调幅 ··· 113

5.8　包络检波及同步检波实验 …………………………………… 119
5.9　变容二极管调频实验 ………………………………………… 126
5.10　模拟锁相环实验 ……………………………………………… 131
5.11　自动增益控制 ………………………………………………… 139

第6章　课程设计 ……………………………………………………… 144

6.1　四种滤波器设计 ………………………………………………… 144
6.2　锁相频率合成器设计 …………………………………………… 149
6.3　半双工调频无线对讲机设计 …………………………………… 151
6.4　多种波形变换电路设计 ………………………………………… 153
6.5　超外差中波调幅收音机 ………………………………………… 159
6.6　超外差式FM收音机 …………………………………………… 162

参考文献 ………………………………………………………………… 166

附录　主要实验的实际波形和信号参考图 ………………………… 167

绪论

1.1 通信电子线路现状和发展

通信电子线路,又称高频电子线路或非线性电子线路,这些概念所表达的基本内容相差无几,以下均称通信电子线路,该课程可分为理论课程和实验课程,是一门专业性很强的专业核心课程。几十年来,全球通信技术的发展日新月异,突飞猛进,对通信技术人员的要求也与日俱增。通信技术的发展不断推陈出新,但其核心还是基础的技术线路,因为不论用什么方法、通过什么传输媒质来完成信息传递,通信目的都是不变的。而通信电子线路是完成通信的核心技术,不论何种通信方式,都有通信电子线路的存在。这门课程通常是在大二下学期或大三上学期开设,理论课程与实验课程同步授课。虽然学生之前已经学习过了一些专业基础课程和专业核心课程,如电路原理、模拟电子线路、数字电路以及信号与系统等,这些课程通常都有理论课程和实验课程相配套,学生也已经做了一些相关电子类课程的实验,积累了一定的实验经验,但通信电子线路频率高、电路种类多、信号复杂多样且容易受干扰、对仪器操作的要求高,因此,通信电子线路实验是电子类实验中难度较高的一类。

本书编者长期从事通信电子线路理论课程和实验课程教学,切身感受到该课程的特殊性。相对于理论课程,他们深切体会到实验电路的复杂性,实验过程对仪器和测量起点的高要求,充分感受到如果没有进行充分的准备,实验效果会大打折扣。本书结合电子与通信工程专业培养方向提出要重视基础、抓牢实践、提高能力、综合训练,总结通信电子线路理论课程与实验课程的结合要点,系统阐述实验过程需要的知识点,对理论课程与实验课程的节点和衔接进行合理布局,让学生通过实验课程的系统实践,充分做到重点突出、点面结合、独立操作、循序渐进,真正熟悉和掌握通信工程技术人员应该具有的理论基础和工程素养。

1.1.1 通信技术发展轨迹

近代通信的历史是从技术电报和电话开启的。1835年,莫尔斯发明有线电磁电报机;1876年,贝尔发明电话机;1878年,磁石电话和人工电话交换机诞生;

1880年,共电式电话机问世;1885年,步进式交换机诞生;1892年,史瑞乔发明步进式自动电话交换机;1901年,马可尼发射长波无线电信号;1919年,纵横式自动交换机问世;1930年,传真和超短波通信诞生。

从20世纪30年代开始,信息学、调制理论、预测学和统计学获得一系列突破。1935年,发明频分多路复用(frequency division multiplexing,FDM)技术以及模拟黑白广播电视;1947年,发明大容量微波接力通信技术;1956年,建设欧美长途海底电话电缆传输系统;1957年,发明电话线数据传输技术;1958年,发明集成电路(integrated circuit,IC),推动通信电子线路向规模化、微型化方向发展。

20世纪50年代,随着电子元件和光纤技术的发展,收音机、电视机、计算机、广播电视和数字通信业得到迅速发展。1962年,发射同步卫星;1969年,形成模拟彩色电视标准NTSC制式、PAL制式和SECAM制式;1972年,发明光纤,为超大规模大数据通信提供支撑。

当代通信是移动通信和互联网的结合,实现移动技术、互联网技术和融合技术的发展。1973年,马丁·库帕发明世界上第一台移动电话;1992年,世界上第一条短信被发出;1996年,世界上第一台翻盖手机摩托罗拉StarTAC上市;2000年,夏普通信和J-Phone发布世界上第一台带摄像头的手机;2003年,诺基亚1100上市,成为销售量最高的手机,共售出2.5亿台;2007年,苹果iPhone第一代问世;2008年,HTC发布第一台安卓(Android)手机;2011年,中兴Blade系列手机销售900万台,居国内销量排名第二位;2013年底,我国4G牌照发放,标志着4G时代的开始;2019年6月,我国正式向四大运营商发放5G牌照,5G时代到来。

从当代通信技术的发展轨迹中可以清楚地看到中国通信电子技术快速发展的过程。在充分了解和熟知我国通信技术的迅猛发展之后,必将大大提升学生对电子与通信工程专业的热爱,增强学习和实践动力,学好通信电子线路课程,提升专业造诣,培养爱国情怀,为我国通信技术的发展不断添砖加瓦。

1.1.2 中国通信技术进入发展快车道

2019年6月6日,工业和信息化部宣布向中国电信、中国移动、中国联通、中国广电发放5G商业牌照,中国正式进入5G商用元年。中国企业在5G技术标准和产业等方面取得了举世瞩目的竞争优势。中国企业主导的灵活系统设计、极化码、大规模天线和新型网络架构等关键技术已成为国际5G标准的重点内容。在产业发展方面,中国率先启动5G技术研发实验,加快了5G设备研发和产业化进程。目前,中国在5G中频段系统设备、终端芯片、智能手机等领域均处于全球产业第一梯队。作为信息通信领域的核心使能技术,5G移动通信服务的开启,将带动其他产业的创新发展,成为经济发展的巨大推动力。2021年,我国建设30万个5G基站,5G网络已覆盖全国地级以上的城市,我国5G产业将迎来大规模的需求增长。随着商业化进程的进一步推进,我国5G产业的产出结构也将出现一定程度的转化,其中,5G信息服务商的产出将随着基础5G设施的普及在未来出现大幅度的增长,在此基础上,宽带通信的发展取得极大进步。

随着5G快速走向全面商用,下一代移动通信技术的竞争已经迫不及待地拉开了帷幕。通过2022年世界5G大会可以看到,世界上大多数国家已经认识到6G对新一轮技术创新和产业变革的重要性,围绕6G展开了激烈的竞争。对于中国来说,发展6G技术有助于破解数字经济双循环发展的堵点,通过升级国内大循环,抢占技术高地、构建产业生态、培育核心企业,从供给侧突破技术和资源封锁,进而畅通国际大循环。

从当前5G的发展趋势来看,未来6G不仅要提供更高的传输速率,还要提供更强的智能、泛在能力等,与以前的移动通信技术有很大的差异。在引领全球5G商用发展中,中国提出了一系列创新技术,这对于未来6G的发展至关重要。同时,美国在弹性网络、智能技术等方面制定了具体的发展计划,欧洲及日本、韩国等也在积极推进新技术研发。各国需要围绕6G开展更加密切的协作,合作推进6G核心技术领域的变革。

近年来,各国数字经济发展迅猛,而5G在其中扮演了关键角色,使得各行各业的数字化升级更加简单、灵活,而6G会为这一切提供更广阔的空间、更强有力的支持。未来6G将在通信、感知一体化,以及对环境的感知能力、对实体产业的数字虚拟化等方面建立新的优势。6G对未来数字经济的发展具有重要的驱动作用。6G网络基础设施、云边协同算力基础设施等的建设会产生大量投资,而超高速、可靠数据传输能力以及算力感知网络、智简网络等技术的发展,也会为持续的数字业务创新提供重要支撑。对于中国信息与通信技术产业来说,发展6G产业一方面可以推动科技创新,争取6G主导权;另一方面可以扩大内需,普惠未来社会发展。中国一直在大力支持发展数字化经济,由6G支撑的数字技术和业务应用不仅可以夯实内循环的经济基础,还将有利于外循环的强化。如影响6G数字业务、基础设施、基础软件的国际标准,带动工业互联网、智慧农业、智能交通等行业应用方案的国际市场拓展等。

6G对中国"双循环发展"战略具有重要意义。一方面,6G可以有效提升国内生产生活质量,提升各行各业的综合竞争力;另一方面,国内产业借助6G推进服务创新、产品创新,吸引国外市场开展合作,进而在国际市场上构建新的竞争优势。6G在促进"双循环发展"方面有五个方面的价值。一是破解数据和信息流动效率低的问题,真正解决数字孤岛问题;二是破解关键技术卡脖子问题,引领国内产业链向高端挺进;三是提高原材料、资源利用效率,打通全生命周期各个环节;四是实现产业所有环节的有机协同,避免发展阶段、速度的不同步现象;五是打破全球化面临的阻碍,促使全球供应链恢复顺畅运行。

在信息技术飞速发展的互联网时代,互联网进入寻常百姓家,宽带接入技术在中国已经日趋成熟,覆盖面越来越广,目前中国宽带已进入高速发展期。近年来,中国互联网宽带接入端口数量快速增长,2021年,中国互联网宽带接入端口数量达10.18亿个,较2020年增加了0.72亿个,同比增长7.59%,其中光纤(FTTH/O)端口9.60亿个,占互联网宽带接入端口总数的94.30%。随着宽带的不断普及,用户规模不断扩大,2021年中国互联网宽带接入用户数量达5.36亿户,较2020年增加了0.52亿户,同比增长10.85%。截至2020年12月末,中国网民人均每周上网时长为26.2小时,较2020年3月底减少4.6小时,2021年开始恢复至正常增长轨道,2021年,中国网民人均每周上网时长为28.2小时,较2020年同期增加了2小时。

互联网技术的发展与移动通信结合实现了当代通信的多样化发展模式,通信电子技术的发展日新月异,通信电子线路多样化的发展在软硬件上高歌猛进,让人眼花缭乱,这就需要大量通信从业人员。同时,技术层面最基本的就是通信电子线路的支持,因此,培养大批适应通信新技术发展的技术人才刻不容缓。

1.1.3 高校通信电子线路实验课程现状

在我国高等教育高速发展的形势下,以建设一流高校和一流专业为目标,高校不断提高投入,形成以推动内涵式建设为主,建设特色鲜明、服务国家和地方建设需求的教学模式。通信技术是我国领先的行业,是高校建设的重点方向和专业之一,十几年来,全国相关专业和课程建设水平突飞猛进,对相关实验教学的要求不断提高,因此,需要在通信电子线路相关课程和实验教学上更上一层楼。

高校通信电子线路实验课程的建设,要具体落实在如何提高通信电子线路实验的有效性上,使学生对实验课程能知其然并知其所以然,遇到问题懂得解决之道。本教程试图通过增加系统学习电子测量基础的知识和重要的数据处理方法,使学生重点掌握主要的测量方法和对应的测量仪器;通过通信电子线路实验,养成与工程实际需求同步的思维和方法,不怕困难,扎扎实实,不断积累经验,为今后继续学习和工作打下坚实的基础。

1.2 做好通信电子线路实验的重要因素

通过通信电子线路实验课程的教学,如何使学生掌握通信电子线路实验的基本功,让理论结合实际,实现实验课程与工程素养的良好结合,以达到培养高素质创新人才的目的呢?这需要充分认识到通信电子线路课程的复杂度和影响实验结果的众多因素,做到知己知彼,本教程从以下几个方面提出要求。

(1)要充分认识到通信电子线路的复杂性,做到真正了解实验,会做实验,做对实验,保证数据正确,必须做到学习实验与工程实际紧密结合,完整掌握测量诸多因素,了解实施工程测量的五个重要因素(即测量对象、仪器系统、测量人员、原理方法和测量环境)对实验的重要性。

(2)图 1-2-1 中的测量对象就是需要测量的电路和信号,必须充分了解电路和信号的特点,是属于时域、频域,还是属于调制域,明确之后就可以用不同的方法进行测量。当了解了待测电路和信号的特点后,可以选择用不同的仪器和设备来进行测量。时域的测量需要示波器之类的仪器,频域信号的测量既可以采用示波器加信号源的点频法,也可以用频谱仪,还可以用扫频法等。不同的信号用不同的测量方法,当然,实际工程中方法也不是唯一的,测量技术随着电路、信号和频率不同而有不同的手段,实验提出的方法也不是唯一的,做实验时需要根据具体条件来选择。

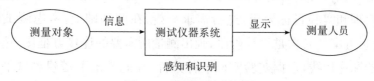

图 1-2-1 测量要素关系图

(3)通信电子线路属于高频电路的范围,与以前相关电路实验有很大不同。在这里,电磁辐射和电磁屏蔽等需要考虑电磁兼容性,正确选择仪器和熟练操作是基本要求,其连接线和连接方式的选择会直接影响信号优劣和有效性。信号的大小、阈值和频带宽度等指标参数都需要考虑,除此之外,温度和湿度等环境条件也会影响测量的有效性,这是之前实验所未涉及且容易被忽视的,必须加以重视。

(4)参与实验的学生作为实验测量人员,特别要注意上述四个方面的问题,即测量对象、仪器系统、原理方法和测量环境对实验的作用和影响。实验最终有效地反映测量人员是否正确使用测量仪器、完成数据的采集及数据的处理。

(5)完整和准确的数据是整个测量过程的结果,能否提供有效和真实的数据决定了实验的好坏,明确实验过程的诸多影响因素,确认误差并进行处理,给出符合工程规范的结论是实验的重要因素。

图1-2-2给出了测量对象、仪器系统、原理方法、测量环境和测量人员五个因素之间的关系和需要掌握的重点。当然,除了了解上述实验的五个基本因素外,还必须认真对待和落实每一项内容,每一位学生进入实验室后,都要沉下心来认真想一想,是否按照五个因素提出的方向落实了对应措施。

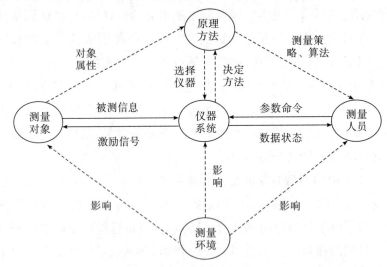

图1-2-2 五个测量因素之间的关联图

除了上述五个测量因素外,学生想要顺利自主地完成每一次实验,还必须养成一些工程工作习惯,即工程测量的三个阶段,这也是将来持续学习和工作中常常需要考虑和执行的重要步骤,如图1-2-3所示。首先是论证阶段,要熟悉本次实验的电路原理和实验目标要求,进行需求分析,在此基础上,考虑测试原理和方法,拟定测量方案。其次是设计阶段,画出测量所需要的连接方框图,选择合适和必要的仪器和连接线,根据实验室软硬件条件,在此基础上搭建测试平台。准备测量数据所需要的记录表格和测试波形的图像采集装置等。最后是实施阶段,其首要任务是调试设备和仪器自检,这个环节很重要,容易被忽视,实验仪器和装置的好坏决定测量数据的准确与否,自检完成后即可进行实验测量。然后对数据和图形进行采集和处理,对出现的干扰和失真等异常作出分析和判断。

上述设计阶段主要要求测量人员根据测试任务的要求、被测对象的特点、属性以及现有仪器设备状况,拟定合理的测试方案;选择测试仪器,组建测试系统;同时制定出测试策略(测量算法)和操作步骤(测试程序)。

在进入实施阶段时,要对仪器和系统实施测试操作(发控制命令),按照逻辑和时序完成测量过程,取得测量数据,分析测量误差并显示测量结果。

通信电子线路实验属于工程测量技术范畴,参与人员要时刻记住工程测量技术的五个因素(测量对象、原理方法、仪器系统、测量环境以及测量人员)和工程测量技术过程的三个阶段(论证阶段、设计阶段和实施阶段),确保实验目的清楚、过程严格、方法正确、数据准确。

通信电子线路的复杂性和指标参数的多样性给实验带来挑战,需要参与者认真落实实验的每一个环节,熟练使用测量方法和数据处理方法,只有这样才可以顺利有效地进行实验,并通过实验过程养成良好的习惯,为今后的科研打下坚实的基础。

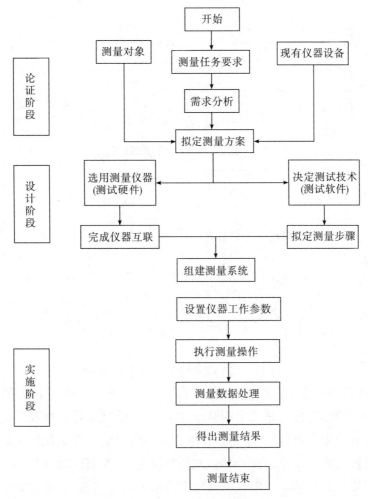

图 1-2-3　测量的三个阶段基本流程图

1.3　电子测量技术在通信电子线路中的应用

(1)先进测量技术支撑现代通信技术的发展。通信电子线路指标多而复杂,主要有发射功率、频率稳定度、接收灵敏度、通频带、信号频谱、传输特性、衰减特性、误码率、通信协议、放大器和滤波器特性等,需要众多测量仪器和设备进行测量,既有专业仪器设备,也有通用仪器设备,同样的指标可以用不同的测量原理和方法来获得,因此,通信电子线路的测量是复杂的、专业的。

电子测量仪器按照被测量参数的特性,总体上可分为时域、频域和调制域三类。图1-3-1所示为单一频率的时域、频域和调制域,图1-3-2所示为复杂频率的时域、频域和调制域,除此之外,还有数字域、噪声域等测量要求。要想做好通信电子线路实验,首先要熟悉和了解相关电子测量原理、仪器和数据处理方法。

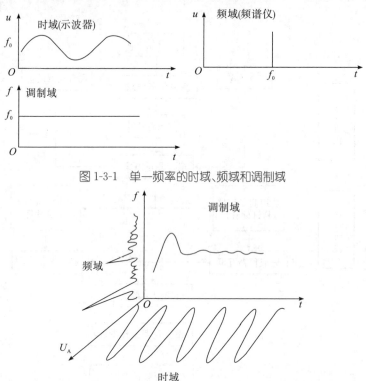

图1-3-1　单一频率的时域、频域和调制域

图1-3-2　复杂频率的时域、频域和调制域

(2)掌握技能方法,适应复杂电路的挑战。通信电子线路虽然复杂,但通信电子线路实验不能作为传统意义上的验证性实验,它恰好是系统培养学生知识面和工程结合的有效契合点,要让学生知其然并知其所以然。在实验的全过程中严格要求、明确目的、规范操作、有序实施,做到数据真实、处理科学。

本教程第3章和第4章重点选择与实验相关的常用知识,希望学生在实验之前或实验过程中可以有据可查,遇到问题时能找到原因和解决之道,确保实验的基础扎实可靠。让学生知道如何做、怎样做得好和测得准,减少技术难度和要求较高的实验的不确定性,真正做到落实每一个环节,明白每一步操作,清楚每一组数据,实现实验与工程的有机结合。

本章小结

　　我国通信电子技术从 20 世纪起初的一穷二白发展到如今在很多方面领先世界，纵观通信技术发展轨迹，我们为之自豪，但这也给通信产业和通信行业的工程技术人员提出了更高的要求。高校承担着培养通信技术生力军的责任，通信技术的快速发展在给我们带来机遇的同时也带来挑战，这需要从事相关教育工作的每个人有所思考，考虑如何培养学生和培养什么样的学生两个问题，以支撑我国通信电子技术的发展和未来。

　　本章初步分析目前大部分高校通信电子线路课程及实验现状，通过对电子测量技术的认识训练和对相关测量仪器认识及使用的强化训练，达到提升通信电子线路实验有效性的目的。从国内通信产业工程应用和需求出发，结合高校人才培养方式，提出做好通信电子线路实验的几个重要因素：①充分认识到通信电子线路的复杂性，让学生做到真正了解实验、会做实验。②参与实验者需要把握实验测量的五个重要因素，即测量对象、仪器系统、测量人员、原理方法和测量环境，明确这五个因素对实验的重要性。③参与实验者要明确贯穿于整个实验过程的三个阶段，即论证阶段、设计阶段和实施阶段。④参与实验者在通信电子线路实验中要不断学习先进测量技术，把握现代通信技术的发展脉搏，掌握各种技能方法，以应对复杂电路实验的挑战。

第2章 通信电子线路实验基本规范和要求

2.1 通信电子线路实验总体要求

要做好通信电子线路实验,需要了解和掌握下列知识点和技能:①通信电子线路的原理和相关知识;②实验测量原理、仪器的相关知识和使用技能;③实验数据处理和误差分析的相关知识和处理技能。

本教程试图通过建立较为完整的预备知识体系,提供实验实训必备的技能知识,使学生养成良好的实验工作习惯,让学生认识到做好通信电子线路实验必须清楚了解测量的五个因素,这是指导实验的基本原则和精髓,也是今后继续学习和工作必须掌握的知识和能力。要深入了解通信电子线路的特点,熟悉通信信号的特征和产生机理,掌握测量通信信号的原理并熟练使用仪器设备,完整、准确地测量数据和处理干扰误差,实现不同环境条件下信号的正确测量,这是对通信电子线路实验的总体要求。下面是需要系统了解和熟悉的几方面内容。

(1)通信电子线路使用范围广。通信电子产品众多,新技术推陈出新,使用范围、场景及要求不同,因此,要求学生能认识到学习电子电路要从具体应用角度出发,而不是仅仅局限在实验室范围,这就需要了解我国电子产品的相关技术规范。按照国家标准《电工电子产品自然环境条件温度和湿度》(GB/T 4797.1—2005)规定,电工电子产品涉及三类范围,即以工作环境条件的不同要求分为三组类型。

Ⅰ组:良好的环境条件,温度10~35 ℃,相对湿度80%(在35 ℃时),只允许有轻微的振动。

Ⅱ组:一般的环境条件,温度-10~40 ℃,相对湿度80%(在40 ℃时),允许有一般的振动和冲击。

Ⅲ组:恶劣的环境条件,温度-40~55 ℃,相对湿度90%(在35 ℃时),允许频繁的搬动和运输中受到较大的冲击和振动。

实际上,通信电子线路属于哪一类,在工程上是有明确设计规范的。例如,在实验电路中实验箱类属于第Ⅰ组,工程用机房设备属于第Ⅱ组,便携式和室外设备电路属于第Ⅲ组,其设计和元器件的选择必须按照国家标准执行,如果没有执行国家标准,就是不合格产品。在通信电子线路实验和实训过程中,要注意了解和观察实验对象电路,尤其要熟悉和了解该电路属于国家标准的哪一类,为将来设计和维护通信电子产品树立正确的工程意识。

(2)通信电子产品技术涉及范围广,通常涉及时域、频域、调制域、数据域和随机噪声域等方面。通信技术的发展经历了模拟通信电子线路、数字通信电子线路以及计算机信息通信技术和互联网技术等阶段,涉及有线、无线和卫星通信技术等,因此,需要的测量仪器多、装置复杂,测量条件更新、更苛刻。尤其是随着通信技术的发展,需要更多新型测量方法和设备,这给通信电子线路实验带来了巨大的挑战。

(3)通信电子线路的非线性特征决定了电路和信号的复杂性。

①非线性电路概念。非线性电路就是在对信号进行处理时,使用了器件特性的非线性部分,利用器件的非线性完成振荡、频率变换等功能。例如,功率放大器在输入大信号的条件下,必涉及器件的非线性部分,故不能用线性等效电路表示电子器件的特征,而必须用非线性电路的分析方法,所以,功率放大器属于非线性电子线路。

②非线性电子线路在通信系统中的应用包括移动通信、电报、电话、广播、电视、雷达、遥测、遥控等。非线性电子线路通常分为有线通信系统,利用导线传送信息;无线通信系统,利用电磁波传送信息;光纤通信系统,利用光导纤维传送信息。

(4)无线通信的特点、存在的问题和解决方案。下面以图 2-1-1 所示无线通信系统为例进行阐述,其组成包括发射装置、接收装置和传输媒质,其中传输媒质可以是电磁波。

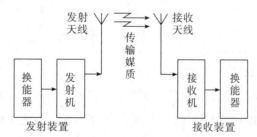

图 2-1-1 无线通信系统的组成

电磁波依据波长不同,可分为长波、中波、短波和超短波,其传播方式的特点见表 2-1-1,具体传播方式如图 2-1-2 所示,这三种传播方式的传播距离依次为:靠电离层反射传播＞沿地面传播＞沿直线传播。

无线通信存在的问题:一般接收信号微弱;通信距离不确定;不同通信系统有不同的要求;普遍存在干扰,如其他电台的发射信号,各种工业、医学装置辐射的电磁波,大气层、宇宙固有的电磁干扰等。除此之外,当前各种变频装置产生的干扰也日渐凸显。

解决方案:发射机和接收机借助线性和非线性电子线路对携有信息的电信号进行变换和处理。

通信电子线路除放大外,最主要的还有调制、解调等一系列电路。其中,调制是由携有信息的电信号(如声音)去控制高频振荡信号的某一参数(如振幅),使该参数按照电信号的规律变化(调幅),减少直接干扰的影响。

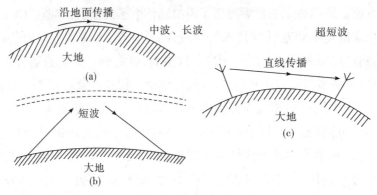

图 2-1-2　电磁波传播方式

表 2-1-1　电磁波不同传播方式的特点

波段	波长	频率	特点	说明
中波长波	>200 m	<1500 kHz	沿地面传播	大地表面是导体,一部分电磁波会损耗掉,频率越高,损耗越大
短波	10～200 m	1.5～30 MHz	靠电离层反射传播	电磁波一部分被吸收,另一部分被反射或折射到地面。频率越高,被吸收的能量越小,但频率越过一定值时,电磁波会穿过电离层,不再返回地面
超短波	<10 m	>30 MHz	沿空间直线传播	地球表面是弯曲的,所以只能限制在视线范围内

(5)通信电子线路中的调制和解调。

①这里的调制信号是指携有信息的电信号(需要传输的基带信号),而载波信号是指未调制的高频振荡信号(具有特定的频率和幅度),已调波信号是指经过调制后的高频振荡信号。另外,解调是调制的逆过程,是将已调波转换为载有信息的电信号。

②调制的作用。首先,可以减小天线的尺寸,已知音频范围是 20～20000 Hz,若发射 100 Hz、波长 $\lambda=c/f=3000$ km 的信号,则需要至少几百千米长的天线,调制到高频可以减小波长,所以需要提高发射载频的频率;其次,调制可以选台,可将不同电台发送的信息分配到不同频率的载波信号上,使接收机可以选择特定电台的信息而抑制其他电台发送的信息和各种干扰。

③通信系统中常见名称的定义。所要传送的基带信号基本可以分为数字信号和模拟信号两类。数字信号是指在时间和取值上离散的信号,与数字基带信号对应的调制称为数字调制;模拟信号是指在时间和取值上均可以连续变化的信

号,与模拟基带信号对应的调制称为模拟调制。模拟调制包括均振幅调制(amplitude modulation,AM)、频率调制(frequency modulation,FM)和相位调制(phase modulation,PM);数字调制包括幅移键控(amplitude shift keying,ASK)、频移键控(frequency shift keying,FSK)和相移键控(phase shift keying,PSK)。

通信系统中常见的名称还有频带信号(通带信号)。在通信中,由于基带信号具有频率很低的频谱分量,出于抗干扰和提高传输率的考虑,一般不宜直接传输,需要把基带信号变换成适合在信道中传输的信号,变换后的信号就是频带信号(如果一个信号只包含一种频率的交流成分或有限几种频率的交流成分,就称这种信号为频带信号)。

在频带通信系统中,若载波信号选用高频正弦信号,则相应的调制称为正弦型调制,相应波形见表 2-1-2。

表 2-1-2 几种常用通信信号对应的波形

信号种类	信号特点	对应的波形	
调制信号(基带信号)	$f(t)$		
载频信号	$v=V\cos(\omega_0 t+\Phi_0)$		
振幅调制 AM	用 $f(t)$ 改变 V,使 V 随 $f(t)$ 变化而变化,ω_0、Φ_0 不变化		
频率调制 FM	用 $f(t)$ 改变 ω_0 或 f_0,使 ω_0 随 $f(t)$ 变化而变化,V 不改变		f_1 f_0
相位调制 PM	用 $f(t)$ 改变 Φ_0,使 Φ_0 随 $f(t)$ 变化而变化,V 不改变	波形与调频波类似	180°反相 180°反相

2.2 通信电子线路实验相关的基本电路及其特点

通信电子线路实验是基于常用通信电子线路的电路开设的,所涉及的电路包含发射和接收两大块,电路覆盖模拟通信系统的全部单元电路。下面就理论课学到的基本电路进行简要回顾。

2.2.1 调幅发射机

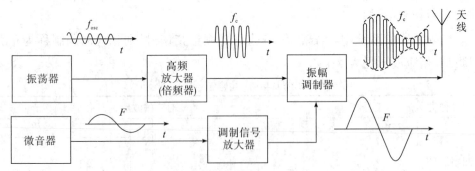

图 2-2-1 调幅发射机的组成

图 2-2-1 中,调幅发射机各部分电路的作用如下:

(1)振荡器:产生的 f_{osc} 为高频振荡信号,通常频率在几万赫兹以上。

(2)高频放大器:多为多级小信号谐振放大器,可以放大振荡信号,还可以使频率倍增至 f_c,并提供足够大的载波功率。

(3)调制信号放大器:也是多级放大器,一般前几级为小信号放大器,放大微音器的电信号;后几级为功率放大器,可以提供功率足够大的调制信号。

(4)振幅调制器:能实现调幅功能,将输入的载波信号和调制信号变换为所需的调幅波信号,并加到天线上。

2.2.2 调幅接收机

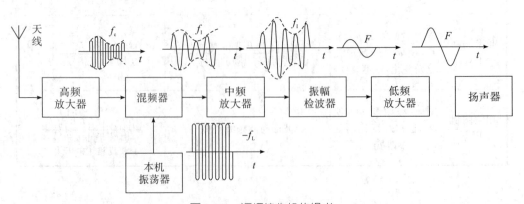

图 2-2-2 调幅接收机的组成

图 2-2-2 中,调幅接收机各部分电路的作用如下:

(1) 高频放大器。高频放大器为小信号谐振放大器,其作用主要有两点:①选台功能,就是利用可调谐的谐振系统选出有用信号,抑制其他频率的干扰信号;②放大功能,即放大选频选出有用信号。

(2) 混频器。一般混频器有两路输入,其中一路为由高放级产生的已调信号 f_c,另一路为由本机振荡器产生的本振信号 f_L,其作用是将载波变频,即将已调信号的载波由 f_c(高频)变换为 f_I(中频),$f_I=|f_c-f_L|$,而调制波形不变。

(3) 本机振荡器。本机振荡器可产生频率为 $f_L=|f_c+f_I|$ 或 $f_L=|f_c-f_I|$ 的高频等幅振荡信号,f_L 可调,并能跟踪 f_c。

(4) 中频放大器。中频放大器是多级固定调谐的小信号放大器,其作用是放大中频信号。

(5) 振幅检波器。振幅检波器可以实现解调或检波,将中频调幅波还原为所传送的调制信号。

(6) 低频放大器。低频放大器包括小信号放大器和功率放大器,其作用是放大调制信号和向扬声器提供所需的推动功率。

2.2.3 通信系统电路的基本构成

(1) 调频无线通信系统除了调幅发射机和调幅接收机中包括的各模块外,主要区别在调制器和解调器上,实现调频的模块是频率调制器,实现解调的模块是频率检波器,又称鉴频器。

(2) 数字通信系统是指调制信号为数字信号的通信系统,相应的调制为数字调制。

(3) 软件无线电是用软件的方法实现通信系统中一部分电路的功能,改变程序便可变更调制方式,现在通信技术的发展就是在此技术路线上一路高歌猛进的。

综上所述,具体的通信电子线路讨论的范围是除小信号放大器以外的其他功能电路,即振荡器、功率放大器、调制器、解调器、混频器和倍频器,又可以归类为:

①功率放大电路:在输入信号作用下,可将直流电源提供的功率部分转换为按输入信号规律变化的输出信号功率,并使输出信号的功率大于输入信号的功率。

②振荡电路:可在不加输入信号的情况下,稳定地产生特定频率或特定频率范围内的正弦波振荡信号。

③波形变换和频率变换电路:能在输入信号作用下产生与之波形和频谱不同的输出信号,包括调制电路、解调电路、混频电路和倍频电路。

2.2.4 通信系统电路的非线性特点

通信系统电路使用非线性器件,上述几类电路的功能的实现就是充分利用了器件的非线性特性,为此,有必要首先了解非线性器件的基本特点,了解如何利用非线性器件实现对应的功能。

非线性器件的特性参数主要有三部分,包括直流参数、交流参数和平均参数。其中,直流参数适用于直流分析;交流参数适用于频率变换电路的分析;而平均参数适用于功率放大和振荡电路的分析。非线性电阻的伏安特性如图 2-2-3 所示,下面以非线性电阻为例说明其特性。

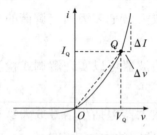

图 2-2-3 非线性电阻的伏安特性图

(1) 直流电导表示直流电流与直流电压间的依存关系,是直流电阻的倒数。

$$g_0|_Q = \frac{I_Q}{V_Q}$$

(2) 交流电导表示伏安特性曲线上任意一点的斜率,或该点上增量电流与增量电压的比值。

$$g|_Q = \frac{di}{dv}\Big|_Q \approx \frac{\Delta i}{\Delta v}\Big|_Q$$

(3) 平均电导。当器件两端加余弦电压 $v = V_m \cos\omega t$ 时,因伏安特性曲线具有非线性特点,流过器件的电流必为非余弦电流,将其按傅里叶级数展开,即

$$i = I_0 + I_{1m}\cos\omega t + I_{2m}\cos 2\omega t + \cdots$$

则平均电导为基波电流振幅与外加电压振幅之比,即

$$g_{av}|_{Q,V_m} = \frac{I_{1m}}{V_m}$$

该式反映了基波电流与外加电压间的依存关系,该值的特点是:V_Q(或 I_Q)的非线性函数可以应用于功率放大电路和振荡电路的分析。

在通信电子线路课程中,小信号谐振放大器采用谐振网络非线性分析,谐振功率放大器(尤其是丙类谐振功率放大器)采用准线性分析方法,振荡器从起振到稳定平衡完全是动态变化的过程,之后的调制、解调和混频也是完全的非线性电路,研究和分析通信电子线路完全是非线性系统的范畴,这大大增加了电路分析

的难度和复杂程度,学生在学习通信电子线路及其实验时对此必须有充分的认识。

本章小结

本章从通信电子线路实验的总体要求入手,分析与目前通信电子线路实验相关的基本电路及其特点。通信电子线路具有非线性特征,复杂程度高,对实验的要求也高。在实验中遇到的问题各异,必须回归电路本身,因此,熟悉和掌握各种通信电子线路原理是必要的。本章简单介绍了通信电子线路实验的基本种类、技术特点和使用范围,对实验电路的非线性基本特征进行了分析。通信电子线路实验的相关基本电路包括振荡器、调制信号放大器、振幅调制器、高频放大器、混频器、中频放大器、检波器等,其多种类、非线性和信号多样复杂的特点为实验带来了难度。实验参与者要清楚了解其原理知识,只有这样,才能做到知彼知己,百战不殆。

第 3 章 通信电子线路实验仪器及测量工艺规范

通信电子线路种类繁多,具有频带宽、频率高、信号多样复杂的特点,其指标参数很多,实验设备和测量仪器除了有通用型仪器外,还有很多专用设备和测量仪器。因此,了解和掌握基本的仪器原理和性能,对正确做好实验是非常重要的。本章将简要介绍通信电子线路常用的仪器,如信号源、示波器、频谱仪等,还会介绍仪器性能及相关连接、测量工艺规范和使用注意事项。建议在使用仪器前先熟悉仪器,掌握操作要点,掌握正确的使用方法,从而为实验提供坚实的基础,确保实验顺利、有效地进行。

3.1 通用信号源

信号源是通信电子线路必备的仪器,也是通信电子线路实验最基本的仪器。使用合适的信号源,满足测量通信电子线路所需,对实验是十分重要的。信号源通常作为激励源产生电路激励信号,也可用于信号仿真时在线路测量中产生模拟实际环境相同特性的信号,如对干扰信号进行仿真,要有相应的信号源。一种新技术的研发,如5G、6G技术的发展,在设备制造和调试过程中也需要一些标准信号,用于对电路和各种系统进行校准或比对,这些就要求信号源仪器能够不断推陈出新,满足各种需求。

3.1.1 信号源概述

(1)通常信号源按波形分有函数信号、脉冲信号和噪声信号等,见表3-1-1。

表 3-1-1 各类信号源及主要特性表

波形名称	主要特性
函数信号	通常包含正弦波、方波和三角波三种,有的还包含锯齿波、脉冲波、梯形波、阶梯波等波形,频率从几赫兹至上百兆赫兹
扫频信号	频率可在某区间内有规律地扫动,多为用锯齿波进行线性扫频。多数扫频源以正弦波扫频,也可以方波、三角波扫频,还有非线性的对数扫频
脉冲信号	输出的脉冲信号可按需要设置重复频率、脉冲宽度、占空比、上升与下降时间等参数,脉冲信号有的还可以双脉冲输出
数字信号	可按编码要求产生0/1逻辑电平(多为TTL或ECL电平),也称数据发生器、图形或模式发生器,通常是具备多路数字输出功能的

续表

波形名称	主要特性
噪声信号	提供随机的噪声信号,具有很宽的均匀频谱,常用于测量接收机的噪声系数或调制到高频、射频载波上作干扰源
伪随机信号	是一串0/1电平随机编码的数字序列信号,因其序列周期相当长(可在足够宽的频带内产生相当平坦的离散频谱),故有点类似于随机信号
任意波形	能产生任意形状的模拟信号,例如,模仿产生心电图、雷电干扰、机械运动等形状复杂的波形
调制信号	将模拟信号或数字信号调制到射频载波信号上,以便于远程传输,通常的调制方式有调幅、调频、调相、脉冲调制、数字调制等
数字矢量信号	通过正交调制(I-Q调制),可以同时传递幅度和相位信息,故称为数字矢量信号源

(2)信号源可以按频率范围分类,其功能如图3-1-1所示。

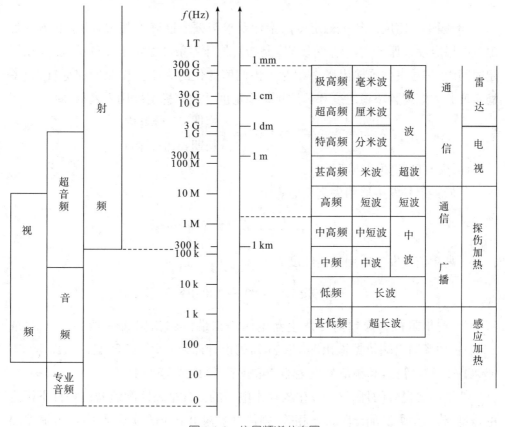

图3-1-1 信号频谱分布图

(3)信号源按产生频率的方法可分为:①由频率选择回路(谐振电路)控制正反馈产生振荡波形;②目前常用的是合成类信号源等,即由基准频率通过加、减、乘、除组合一系列频率和数字直接模拟合成信号源;③利用锁相环等技术的合成信号源。

3.1.2 信号源主要指标

在各类信号发生器中,正弦信号发生器是最普通也是应用最广泛的一类,熟悉其主要指标和参数是必需的,它可以对其他信号源提供基础信号指标,下面简单介绍一下。

(1)频率范围。频率范围是指信号发生器所产生信号的频率范围,该范围既可连续,也可由若干频段或一系列离散频率覆盖,同时,在此范围内应满足全部误差要求。

(2)频率准确度。频率准确度是指信号发生器度盘(或数字显示)数值与实际输出信号频率间的偏差,通常用相对误差表示,即

$$\alpha = \frac{f - f_0}{f_0} = \frac{\Delta f}{f_0} \times 100\%$$

(3)频率稳定度。频率稳定度的指标要求与频率准确度相关,频率准确度是由频率稳定度来保证的。频率稳定度是指其他外界条件恒定不变的情况下,在规定时间内,信号发生器输出频率相对于预调值变化的大小。按照国家标准,频率稳定度分为短期频率稳定度和长期频率稳定度。频率稳定度用 δ 表示,即

$$\delta = \frac{f_{\max} - f_{\min}}{f_0} \times 100\% \quad \begin{cases} 短期:15 分钟内 \\ 长期:3 小时内 \end{cases}$$

(4)失真度与频谱纯度。

① 低频信号发生器用失真系数表示

$$\gamma = \frac{\sqrt{U_2^2 + U_3^2 + \cdots + U_N^2}}{U_1} \times 100\%$$

② 高频信号发生器用频谱纯度表示

$$20\lg \frac{U_s}{U_n} = 80 \sim 100 \text{ dB}$$

(5)输出阻抗。低频信号发生器电压输出端的输出阻抗一般为 600 Ω(或 1 kΩ)。功率输出端依据输出匹配变压器的设计而定,通常有 50 Ω、75 Ω、150 Ω、600 Ω 和 5 kΩ 等挡,高频信号发生器一般仅有 50 Ω 或 75 Ω 挡。

特别需要提醒的是,信号发生器输出电压的读数是在匹配负载的条件下标定的,若负载与信号源输出阻抗不相等,则信号源输出电压的读数是不准确的,要引起大家的注意,这也是在实验过程中容易忽视的问题。

(6)输出电平。输出电平是指输出信号幅度的有效范围,即由产品标准规定的信号发生器的最大输出电压和最大输出功率在其衰减范围内所得到输出幅度的有效范围。信号发生器输出电压的读数是在匹配负载的条件下按正弦波有效值标定的(即信号源 $R_s = R_L$ 负载时)。如果发生图 3-1-2 所示的情况,信号源实

际输出开路电压是 200 mV,而示波器 Y 端输入电阻基本在 1 MΩ 以上,相当于开路,因此显示为 200 mV,等同于信号源接在开路状态。如果信号源输出电阻等于加到电路上的输入电阻(即信号源负载),200 mV 中有 100 mV 加到电路的输入电阻(即信号源负载)上,若 $R_s \neq R_L$,电路的输入电阻(即信号源负载)上的实际电压就要用示波器直接测量,示波器显示的大小才是真实的电压值,这一点要充分重视,否则,得到的数据是错误的。

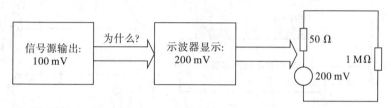

图 3-1-2 信号源输出与示波器读数不同示意图

(7)调制特性。高频信号发生器在输出正弦波的同时,一般还能输出一种或多种已被调制的信号,多数情况下是调幅 AM 信号和调频 FM 信号,有些还带有调相和脉冲调制 PM 等功能。

3.1.3 通信实验常见信号源种类

3.1.3.1 合成信号发生器

合成信号发生器是当前信号源的主流产品,主要分成三类。

(1)直接模拟频率合成器(direct analog frequency synthesizer,DAFS)。这类信号源的特点是:①频率分辨力高;②频率切换快,频率点不太多,用于跳频通信对抗;③电路庞大复杂,现在基本上不用它做通用信号源。

(2)直接数字频率合成器(direct digital frequency synthesizer,DDS)。DDS 突破了频率合成法的原理,从"相位"的概念出发进行频率合成。这种合成方法不仅可以给出不同频率的正弦波,而且可以给出不同初始相位的正弦波,甚至可以给出各种任意波形,这在前述模拟频率合成方法中是无法实现的。图 3-1-3 给出 DDS 原理图,图 3-1-4 给出一款具体的 DDS 内部结构图。

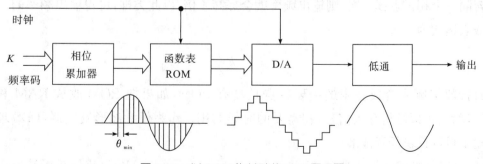

图 3-1-3 以 ROM 为基础的 DDS 原理图

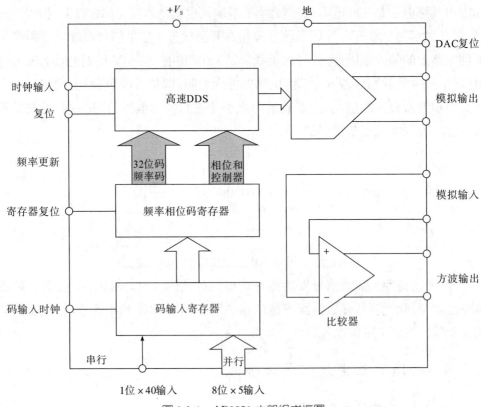

图 3-1-4　AD9850 内部组成框图

AD9850 是亚德诺半导体(Analog Devices)公司生产的 DDS 单片频率合成器,在 DDFS 的 ROM 中已预先存入正弦函数表,其幅度按二进制分辨率量化,其相位一个周期 360°按 $\theta_{\min}=2\pi/2^{32}$ 的分辨率设立取样点,然后存入 ROM 的相应地址中。实际应用中,改变读取 ROM 的地址数目即可改变输出频率,若在系统时钟频率 f_c 的控制下,依次读取全部地址中的相位点,则输出频率最低,因为这时一个周期要读取 2^{32} 个相位点,点间间隔时间为时钟周期 T_c,则 $T_{out}=2^{32}T_c$,因此,此时输出频率为

$$f_{out}=\frac{f_c}{2^{32}}$$

若隔一个相位点读一次,则输出频率就会提高 1 倍,以此类推,可得输出频率的一般表达式为

$$f_{out}=k\frac{f_c}{2^{32}}$$

直接数字频率合成技术的主要特点是具有 ROM,如果把 ROM 改成 RAM 和 DRAM,可以随机存入信号,在需要的时候调用。作为任意波形发生器,DDS 理论上可以提供任意波形。

(3)任意波形发生器(arbitrary waveform generator,AWG)或任意函数发生

器(arbitrary function generator,AFG)。从上述直接数字频率合成的原理可知，其输出的波形取决于波形存储器的数据。因此，产生任意波形的方法取决于向该存储器(RAM)提供数据的方法，目前，有表格法、数学方程法和复制法等方法。

① 表格法。将波形画在小方格纸上的方法称为表格法，如图 3-1-5 所示。纵坐标按幅度相对值进行二进制量化，横坐标按时间间隔编制地址，然后制成对应的数据表格，按序放入 RAM。对经常使用的定了"形"的波形，可将数据固化于 ROM 或存入非易失性 RAM 中，以便反复使用。

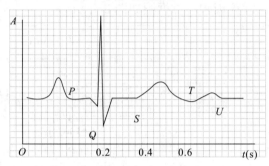

图 3-1-5　画在表格中的任意波形图

② 数学方程法。对于用数学方程描述的波形，先将其方程(算法)存入计算机，经过运算提供波形数据的方法称为数学方程法。

③ 复制法。将其他仪器(如数字存储示波器和 X-Y 绘图仪)获得的波形数据通过计算机系统总线或 GPIB 接口总线传输给波形数据存储器的方法称为复制法。该法很适于复制不再复现的信号波形，只要是能记录下来的波形，都可以让它再现，通信系统中的随机信号就可以通过这样的方法进行捕捉，在系统设计和调试过程中具有极大的便利性，解决了随机信号难以再现的问题。使用这类方法时，要仔细阅读示波器等仪器的使用手册，配置好驱动和适用的储存部件，确保随机信号能及时被捕捉和储存下来。

(4) 间接合成法。间接合成法即锁相合成法，它是利用锁相环(phase-locked loop,PLL)的频率合成的方法。基本锁相环只能输出一个频率，而作为信号源，必须能输出一系列频率，因此，以锁相环为基础，通过外接不同电路，可以实现更多需要的不同频率输出，其稳定性与基准频率相同。下面介绍锁相环的几种基本形式。

① 倍频锁相环。倍频锁相环方框图如图 3-1-6 所示。

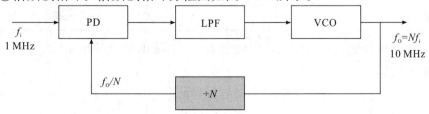

图 3-1-6　倍频锁相环方框图

② 分频锁相环。分频锁相环方框图如图 3-1-7 所示。

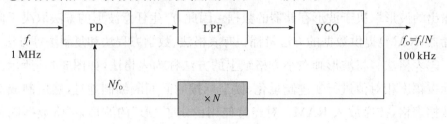

图 3-1-7　分频锁相环方框图

③ 混频锁相环。混频锁相环方框图如图 3-1-8 所示。

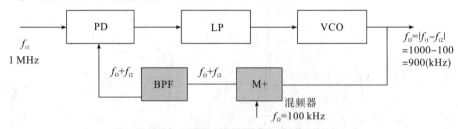

图 3-1-8　混频锁相环方框图

上面三个锁相环的基频都是 1 MHz 高精度振荡器输出,通过不同锁相环组合可以实现低频、高频或任意频率的信号,且其精度均与 1 MHz 高精度振荡器的精度相同。因为图示较清晰,这里简要阐述如下:倍频锁相环通过加一个 $1/N$ 分频器就可以获得 N 倍 1 MHz 信号;分频锁相环通过加一个 N 倍频器就可以获得 1 MHz/N 的低频信号;而混频锁相环可以根据需要获得高频或低频信号。工程上还有更多的锁相环组合,这里仅介绍三种基本锁相环的应用,从这三种基本锁相环就可以推而广之。

在这里我们依次介绍了频率合成的三种技术,从表 3-1-2 中我们可以看到:一是直接模拟合成技术;二是直接数字合成(direct digital synthesis,DDS)技术;三是间接锁相环产生信号。当前工程应用上还有将直接数字合成与间接锁相环一起使用构成信号源的技术。

表 3-1-2　三种频率合成技术性能特点比较

合成技术	速度	最高工作频率	主要特点
直接模拟合成	μs 级	100 MHz	硬件电路复杂
直接数字合成	μs 级	300 MHz	可得任意波形
间接锁相环	ms 级	100 GHz(微波)	频谱纯度好

三种频率合成技术的特点可以通过表 3-1-2 清晰地反映出来,这为选择信号源提供了依据。

3.1.3.2 脉冲信号发生器

(1)脉冲信号发生器的分类。根据用途和产生脉冲的方法,脉冲信号发生器可分为:①通用脉冲发生器;②快速(广谱)脉冲发生器;③函数发生器;④数字可编程脉冲发生器;⑤特种脉冲发生器。常见的脉冲信号有矩形波、锯齿波、阶梯波、钟形脉冲和各种数字编码序列等,如图 3-1-9 所示。

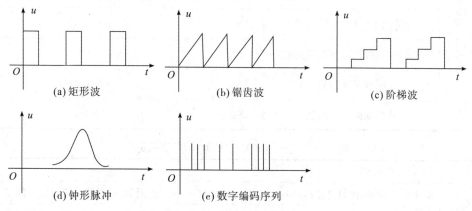

图 3-1-9 常见的信号时域图

实际操作中,脉冲信号并不理想,会产生各种畸变,导致失真。下面就实际矩形脉冲介绍失真的相关参数,逐一明确这些参数在工程上的定义,为正确使用或减少影响提供依据。

(2)实际矩形脉冲信号参数。

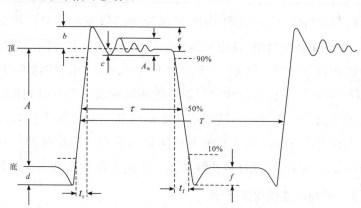

图 3-1-10 实际脉冲图的相关参数

实际脉冲图的相关参数(如图 3-10 所示)在使用时,有些要想办法减少,有的可以加以利用。为此,表 3-1-3、表 3-1-4 列出对应的定义,可在使用时为量化处理提供参考。

表 3-1-3　与幅度有关的脉冲参数名称的定义

	参数名称	符号	定义
与幅度有关的参数	脉冲幅度	A	脉冲底值与顶值之间的差值
	脉冲的预冲	S_d	$S_d = \dfrac{d}{A} \times 100\%$
	脉冲的上冲（或成前过冲）	S_b	$S_b = \dfrac{b}{A} \times 100\%$
	脉冲的下冲（或成后过冲）	S_f	$S_f = \dfrac{f}{A} \times 100\%$
	衰减振荡（或称阻尼振荡）幅度	S_c	$S_c = \dfrac{c}{A} \times 100\%$
	脉冲平顶倾斜	S_e	$S_e = \dfrac{e}{A} \times 100\%$
	脉冲顶部不平坦度	S_W	$S_W = \dfrac{A_W}{A} \times 100\%$

表 3-1-4　与时间有关的脉冲参数名称的定义

	参数名称	符号	定义
与时间有关的参数	脉冲上升时间（或前过渡时间）	t_r	脉冲幅度由 10% 上升到 90% 的一段过渡时间
	脉冲下降时间（或后过渡时间）	t_f	脉冲幅度由 90% 下降到 10% 的一段过渡时间
	脉冲宽度	τ	脉冲幅度为 50% 的两点之间的时间
	脉冲周期	T	一个脉冲波形上的任意一点到相邻脉冲波形上的对应点之间的时间
	脉冲宽度占有率	S_τ	$S_\tau = \dfrac{\tau}{T} \times 100\%$，指脉冲宽度与周期之比

（3）脉冲信号功能。在时域测试中，快速脉冲信号发生器可以用来提供广谱的激励信号，尤其在微波网络、宽带元器件的时域测试中，脉冲信号发生器相当于频域测试中的扫频信号源。例如，一个前沿上升时间为 1 ns 的脉冲，其可用频谱分量为 1 GHz，而隧道二极管脉冲发生器产生的脉冲前沿上升时间可以达 15 ps，则其可用频谱可以高达 30 GHz，这就解决了高频通信信号频率过高而不容易产生的问题。工程上广泛通过输入脉冲激励测量通信系统输出脉冲信号的上升时间 t_r，根据 $f = 3.35/t_r$，可快速计算出该通信系统的上限频率和对应的带宽。

3.1.3.3　射频合成信号发生器

所谓"射频"，是指能通过天线发射变为电磁波进行无线传播的信号频率。当今射频频率范围很宽，有的范围已做到 10 kHz～110 GHz，这是通信电子线路特有的，有效提供足够高频的信号源是设计通信系统必须具备的条件，也是我国在仪器装备上一直努力的方向。

高频信号发生器属于射频信号发生器，其主振级是建立在 LC 振荡器或晶体振荡器基础上的模拟信号源。要用多波段来实现频率覆盖，但是，这样的频率范围不宽，频率准确度和稳定度都满足不了现在应用的要求，因此，现代射频信号发生器要建立在频率合成技术基础上,采用何种频率合成技术需要综合考虑。

前面介绍了三种频率合成技术,其中直接数字频率合成(DDS)使用方便,但目前工作频率只能做到几百兆赫兹,仅可用于主振级射频低端,高端则采用锁相频率合成技术,选用合适的压控振荡器作主振器,即 DDS 和锁相频率合成技术一起使用,这就为射频信号发生器的实现提供了有效方法。

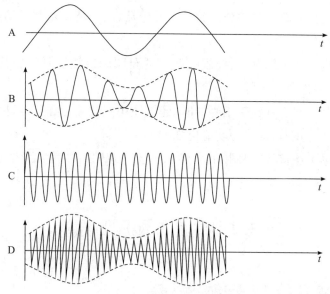

图 3-1-11 射频合成波形示意图

图 3-1-11 给出射频合成波形示意图,其中射频信号发生器主振级只产生载波,各种传送信号要靠调制级来实现。为了满足实用要求,现代射频信号发生器应能方便实现模拟、数字、矢量等多种调制方式。相应的,用数字信号调制的称为数字调制信号源,调制信号中包含幅度和相位信息的称为矢量信号源,使频率快速跳变的称为频率捷变信号源。图 3-1-12 所示为射频信号发生器原理方框图。

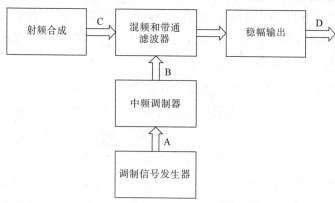

图 3-1-12 射频信号发生器原理方框图

3.1.3.4 通信电子线路实验用信号源的选择和使用原则

由于通信电子线路实验主要涉及模拟通信电子线路,而数字通信电子线路的内容基本上安排在通信原理相关课程及实验中,因此,一般将模拟通信电子线路实验与数字通信电子线路实验分开设置。这里仅就模拟通信电子线路试验所需信号源的选择给出建议:

(1)需要选择双路信号源或函数信号发生器,因为需要调制等功能,只有两路信号才能完成。

(2)信号输出要求明确,需要阻抗匹配的要明确标注,当然,用其他仪器检测信号大小和频率也是必要的。

(3)当有些实验套件自带信号源时,建议使用独立信号源仪器,因为后者的精度会更高,使用更规范,信号源功能更强大。

(4)信号输出连接线在高频输出状态下要注意阻抗匹配,必须选择合适的端子接线和连接线。

3.2 时域测量示波器

3.2.1 示波器的基本功能和分类

示波器是一种基本的、应用广泛的时域测量仪器,是通信电子线路实验使用频次最高的一种仪器。示波器是一种全息仪器,能让人们观察到信号波形的全貌,能测量信号的幅度、频率、周期等基本参量,能测量脉冲信号的脉宽、占空比、上升或下降时间、上冲、振铃等参数,还能测量两个信号的时间和相位关系等,这些功能是其他电子仪器难以胜任的。

示波器从早期的定性观测,已发展到现在的可以进行精确测量。示波器也是其他图式仪器的基础,掌握示波器的工作原理和使用要点,有利于理解扫频仪、频谱仪、逻辑分析仪等各种图示仪器的原理。

现在科研和工程上使用的示波器主要是数字式的,即数字存储示波器(采用A/D、DSP等技术的数字化示波器),其占据绝大部分市场。条件好的高校通信实验室基本上都是使用数字示波器,当然还有少量实验室配备模拟式通用示波器,主要是因为其价格便宜。示波器性能的高低主要根据示波器的Y通道(垂直通道)的带宽来区分,国内高校实验室一般配置100 MHz以内的示波器,好的通信实验室配置300 MHz示波器,更好的示波器超过千兆赫兹。示波器的选择主要考虑实验和科研需求,以及实验室的建设投入。

3.2.2 模拟式通用示波器

(1)模拟式通用示波器(简称"模拟示波器",通常采用单束示波管实现显示)因为价格低,当前还有部分高校在使用。模拟示波器实物图如图3-2-1所示,模拟示波器原理图如图3-2-2所示,其电路主要由Y通道、X通道、高低压电源等构成。

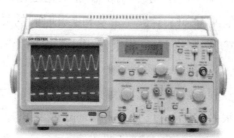

图3-2-1 模拟示波器实物图

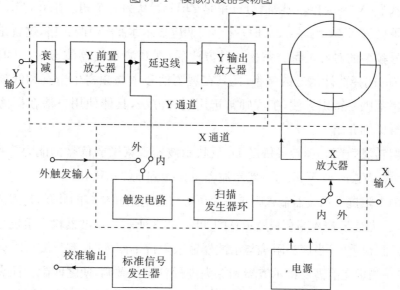

图3-2-2 模拟示波器原理图

Y通道(又称垂直通道)是将需要测量的信号进行必要的处理,经过衰减、放大选择后再经过输出放大驱动示波管电子束进行垂直偏转。X通道(又称水平通道)是选择不同的触发信号和方式的触发电路、扫描锯齿波发生器及水平放大器驱动示波管电子束进行水平扫描。

低压电源为示波器电路提供工作电压,高压电源支持示波管电子束聚焦、亮度和高压驱动,还支持示波器的其他电路。模拟示波器现在使用的数量较少,虽然其电路具有基础研究意义,但其工作原理和电路较为复杂,考虑到篇幅,本书不做详解,如有需要,可以参考电子测量的相关教材,这里只对模拟示波器的主要技术指标进行初步介绍,便于与数字示波器做比较。

(2) 模拟示波器的几个主要技术指标。

① 带宽 BW 与上升时间 t_r。通常示波器 Y 通道输入方波信号,若求其上升时间 t_r,可用 0.35 除以 Y 通道的频带宽度(band width,BW)进行计算;同理,Y 通道带宽 BW 等于 0.35 除以 Y 通道方波上升时间。例如,Y 通道输入方波信号后,其输出方波的上升时间是 17.5 ns,则 Y 通道带宽等于 0.35 除以 17.5 ns,为 20 MHz。若示波器 Y 通道带宽 BW 标称为 100 MHz 的示波器,则示波器 Y 通道输入方波信号后,其输出方波的上升时间 $t_r \leqslant 3.5$ ns 即为合格,这就是带宽和上升时间的关系。同样,在对通信电子线路和通信系统带宽进行测量时,工程上常用测量电路上升时间的方法测量其带宽,此方法的效率较高。

② 扫描速度与信号频率。扫描速度反映示波器在水平方向展开信号的能力。扫描速度是指光点的水平移动速度,单位是 s/cm 或 s/div。水平(X)方向上一般以 1 cm 为一大格(div)。例如,当水平设置 X 是 1 ms/cm 时,如果信号的一个周期对应水平(X)一大格,说明信号频率是 1 kHz。从另一个角度来看,当 1 MHz 信号在水平设置 X 是 0.5 μs/cm 时,一个周期应显示水平(X)两大格,这就是扫描速度与信号频率的对应关系。掌握这种方法后,在观测示波器波形时,可根据水平(X)单位的选择估计信号的频率,尤其在观测信号中高频寄生干扰和低频寄生干扰的频率范围时特别方便,工程师常选用这种方法,具体使用方法在振荡器实验中再进行详细介绍。

③ 偏转灵敏度。偏转灵敏度 D_y 反映示波器观察微弱信号的能力。垂直(Y)的单位为 mV/cm 或 V/div,一般示波器可以做到 0.1 mV/div。

④ 输入阻抗。示波器输入阻抗一般可等效为电阻和电容的并联,是阻抗而不是纯电阻,示波器 Y 输入端衰减器示意图如图 3-2-3 所示。示波器输入阻抗与示波器探头的匹配很重要,当探头阻抗与示波器输入阻抗不匹配时,测量波形时会出现失真,一般在测量之前需要将示波器和探头进行自检并微调,使之匹配。探头与示波器的连接图如图 3-2-4 所示,具体方法在示波器使用部分再进行详细介绍。

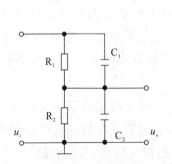

图 3-2-3　示波器 Y 输入端衰减器示意图

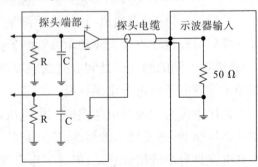

图 3-2-4　探头与示波器的连接图

输入阻抗等效为电阻和电容的并联时,须考虑不同的情况,一般信号是直流或低频信号时,可以近似看成单纯电阻比;对于高频信号,则是阻抗之比,与电容大小有关,这点很重要。

信号为直流和低频信号时:

$$\frac{u_o}{u_i} = \frac{R_2}{R_1+R_2}$$

信号为高频信号时:

$$\frac{u_o}{u_i} = \frac{Z_2}{Z_1+Z_2}$$

⑤扫描方式。示波器扫描方式可分为连续扫描和触发扫描两种。随着示波器功能的扩展,还出现了多种双时基扫描形式,主要有延迟扫描、组合扫描、交替扫描等。但此时,示波器中要有两套扫描系统,电路系统较复杂。

表 3-2-1 模拟示波器基本性能特点

模拟示波器优点	模拟示波器缺点
直接观测实际信号变化	无法观测触发事件之前的信息
亮度等级丰富(信息出现的频率)	对于低重复率信号写速有限
没有量化误差和信号混叠	无存储分析功能
具有非常高的波形获取率	不能进行自动测量
用户界面单一、操作简单	不易提供多通道模式

从表 3-2-1 可知,模拟示波器有很多不足。随着通信技术的发展,信号越来越复杂,在高频领域中,模拟示波器显然不能满足更高的测量要求,而数字示波器恰好可以满足日趋复杂的测量要求。

3.2.3 数字示波器

数字示波器实物图如图 3-2-5 所示。

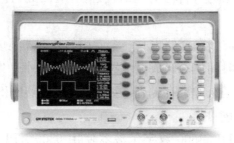

图 3-2-5 数字示波器实物图

(1)数字示波器的主要电路组成及其功能。图 3-2-6 所示是 HP54600 数字示波器原理图。数字示波器的 CPU 是不同的,有单 CPU 的,也有多个 CPU 的,该示波器包含三个处理器(主处理器 CPU、采集处理器和波形翻译器)。为减少篇幅,将上述电路总体分成四部分进行介绍。

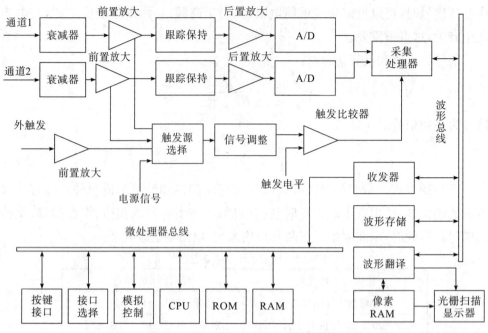

图 3-2-6　HP54600 数字示波器原理图

① 数字示波器的模拟部分。从通道输入到前置放大之前均为模拟电路部分，该部分完全等同于模拟示波器 Y 通道电路。这里的跟踪保持电路的功能是在获取信号采样时冻结此刻的瞬息电压，并保持足够长的时间，以便使 A/D 能完成模数转换，这样就把模拟示波器信号转化成对应的数字示波器信号。

② 采集处理器。HP54600 数字示波器采集用处理器使用随机-重复采样方法，送入波形存储器的数据放置点是经过复杂计算给出的，采集处理器必须根据采样与触发信号的相对关系来确定它们的正确放置位置，以便重构波形。该采集处理器使用 HPCMOS 技术，实现了以极高的速率处理采样点的专用逻辑关系。不同示波器的制造厂家均有自己对应的核心技术，因此，各示波器的主要功能也有不同的特点。

③ 波形翻译器。波形翻译器也是一个专用的处理器集成电路，将波形对应的数据点相关的电压和时间值翻译成显示器上的垂直和水平像素位置，再将这些波形的像素位置对应地送至像素存储器，这是模拟示波器所不具有的功能，现代显示屏也基本采用这类技术。

④ 主微处理器。HP54600 数字示波器使用 68000CPU 配合 ROM 及 RAM 的常规微处理器系统作为控制示波器的硬件。由于采用了多处理器负责其协同工作，示波器性能得到大大改善，其采样率也大大提高，尤其是显示更新率，可做到 1500000 点/秒以上，大大提高示波器实时信号捕捉和显示能力。

(2) 数字示波器主要技术性能指标。

① 带宽(bandwidth, BW)。当示波器输入不同频率的等幅正弦信号,屏幕上对应基准频率的显示幅度随频率变化而下跌了 3 dB 时,其对应的下限到上限的频率范围即频带宽度,又称 3 dB 带宽或 0.7 带宽,单位一般是 MHz 或 GHz。在数字存储示波器(digital storage oscilloscope, DSO)中通常有下列几种带宽,使用者一定要注意选择。

a. 重复带宽(repeat BW):重复带宽是指用数字存储示波器测量重复信号时的 3 dB 带宽。由于一般使用非实时等效采样(随机采样或顺序采样),故重复带宽(也称等效带宽)可以做得很宽,有的标称值高达几十千兆赫兹,但工程上使用还要看单次的有效带宽。

b. 单次带宽(single shot BW):单次带宽是指当数字存储示波器测量单次信号时,能完整地显示被测波形的 3 dB 带宽。实际上,一般数字存储示波器的垂直模拟通道硬件的带宽是足够的,数字示波器的带宽主要受到波形上采样点数量的限制。因此,单次带宽一般只与采样速率和波形重组显示的方法有关,当数字存储示波器的采样速率足够高,即高于标称带宽的 4 倍以上时,它的单次带宽和重复带宽是一样的,称为实时带宽。

c. 有效存储带宽:数字存储示波器的有效存储带宽(useful storage bandwidth, USB)反映的是数字存储示波器观测正弦波信号最高频率的能力。实际上,有效存储带宽经常用来作为数字存储示波器的单次带宽,为了避免混淆,目前实时采样数字存储示波器的采样频率一般规定为带宽的 4~5 倍,同时还必须采用适当的内插算法。如果不采用内插显示,一般规定采样速率应为实时带宽的 10 倍,因此,在数字存储示波器中将有效存储带宽定义为

$$USB = \frac{f_{smax}}{k}$$

式中,f_{smax} 为最高采样速率,k 为正弦信号每个周期的采样点数。

② 上升时间(rise time)。数字示波器的上升时间和模拟示波器一样,都按式 $t_r = 0.35/BW$ 进行计算。

③ 垂直灵敏度。垂直灵敏度也称垂直偏转因数(vertical deflection coefficient),指示波器显示的垂直方向每格所代表的电压幅度值,常以 V/div 或 V/cm 为单位。根据传统模拟示波器的习惯,数字存储示波器也以 1—2—5 步进方式进行垂直灵敏度调节,也可以进行细调。垂直灵敏度参数表明示波器测量最大信号和最小信号的能力。

④ 扫速。扫速又称水平偏转因数(horizontal deflection coefficient)、扫描时间因数、时基等,指示波器显示的水平方向每格所代表的时间值,以 s/div、ms/div、 μs/div、ns/div、ps/div 等为单位。沿用模拟示波器的传统习惯,数字存储示波器也以 1—2—5 步进方式进行调节,也能进行细调。

(3)数字示波器优势功能。

①自动刻度(auto scan)。这是一种通过软件自动调定示波器设置的功能。只需按一下"自动刻度"键,软件就会对输入波形进行计算,使仪器调到合适的扫速、合适的垂直灵敏度、合适的垂直偏转和触发电平,从而得到满意的波形显示。

②存储/调出(save/recall)。这是一种存储或调出前面板设置的功能。当需要重复多次使用某几套设置观测几个不同波形,或对同一个波形在不同的设置条件下进行测量时,可以预先设置好几套面板参数存储起来,避免每次测量所需的烦琐设置过程,特别适合于反复进行测试的程序。如生产线上多种波形的重复测量,有的数字示波器可以存储 10 套面板设置。

③光标测量。数字示波器具有同时显示两个电压光标和两个时间光标的能力。简单地利用前面板的转轮或开关调整这些光标,能够测量波形上任何一点的绝对电平、离触发参考点的时间值,或者直接读出波形上任意两点的电压差(ΔU)、时间差(ΔT)以及电压与时间的相关特性等,如图 3-2-7 所示。

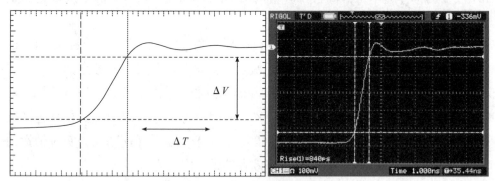

图 3-2-7 用光标测量脉冲上升时间

④自动顶-底(auto top-base)。在 ΔV 菜单下,按"自动顶-底"键,仪器的软件将用统计平均算法自动地把两个电压光标分别放在波形的顶部和底部。通过 ΔV 的读数指示,可以立即准确地读出波形幅度值或分别读出顶部或底部的绝对电平值。此外,ΔV 光标也能自动放在波形的 10%~90%、20%~80%处(两个光标也可以在 50%处重合),以便供其他特殊测量使用。

⑤自动脉冲参数测量。如图 3-2-8 所示,实际方波需要测量的参数很多,用数字示波器可以很方便地测量出来,通常能进行的自动脉冲参数测量包括频率 f、周期 T、占空比(脉冲宽度占有率)、上升时间 t_r、下降时间 t_f、正宽度 τ、负宽度、预冲 d、过冲 b、峰-峰电压、有效值电压等 11 种。实际方波与理想方波的不同恰恰体现了方波经过电路后发生的变化,显示出不同电路和系统的差异性,这为分析电路参数和性能提供了方便。

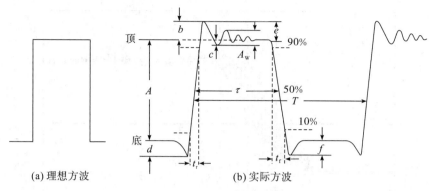

图 3-2-8 脉冲参数示意图

⑥ 可变余辉显示(persist)。可变余辉显示是数字存储示波器的一种显示时间软件控制功能,技术上从模拟示波器到数字示波器经历了脱胎换骨的变化,也反映出从模拟技术到数字技术的革命性进步,这里有必要简单介绍一下。

a. 传统模拟示波器余辉是指电子束扫过之后荧光保留的时间,使用的是长余辉荧光材料,其在高扫速时测量低重复频率信号,显示波形亮度会严重不足,而在低扫速时,由于余辉时间不够,会使波形严重闪烁,或只表现为光点的缓慢移动,甚至无法观测波形。因此,传统模拟示波器余辉在 20 年前是主导技术,现在已不多见,仅在部分雷达显示技术中使用。

b. 数字示波器能够通过软件控制波形在显示器上的保持时间(从存储器中调出多显示几次),改变信号显示时间长短的定义,即所谓的"显示更新速率",又称余辉时间。可编程的余辉时间调节范围为 200 ms~10 s,无论是测量高重复速率信号,还是测量低重复速率信号,只要适当调节余辉时间,就能保持显示波形的亮度不变,也没有波形闪烁现象,并且与所设置的扫速快慢几乎没有关系。这种技术已被高档数字示波器广泛使用,可以带来更多有实用价值的显示功能,方便测量和观测信号。

⑦ 无限长余辉(infinite)。无限长余辉是利用磁偏转光栅显示的特点实现的。微处理器把每次采集到的波形数据送往波形 RAM 中时,不冲掉前一次的内容,RAM 中显示的波形数据随着时间不断积累,显示刷新电路也不断地把 RAM 中的新老数据一起读出,加工成视频信号送往显示器进行显示,从而实现无限长余辉功能。

利用这一功能,使用者可以观察正在变化着的信号,如由于漂移、抖动、干扰等因素引起的波形幅度、时间、相位等参数的变化。现在的数字存储示波器具有彩色显示长余辉功能,更容易看清抖动的变化,甚至可以通过不同颜色反映变化最集中的区间,非常具有工程应用价值。如图 3-2-9 所示,变粗的部分即为抖动变化范围。

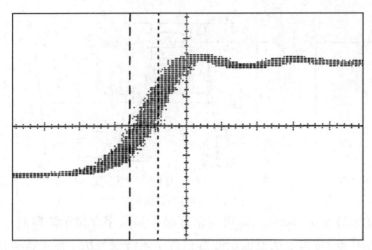

图 3-2-9　用无限长余辉测量抖动变化范围

⑧ 显示平均噪声电平（display average noise level，DANL）。数字存储示波器可以采用软件设计进行快速连续平均显示，平均显示次数可设定为 1～2048 次。利用平均显示能使波形显示分辨率提高到 8 bit，也可以利用平均显示提取淹没在非相关噪声中的信号，这为观测复杂信号提供了有价值的功能。图 3-2-10 所示为利用平均显示提取信号。

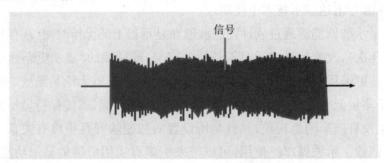

图 3-2-10　利用平均显示提取信号

⑨ 波形存储和像素存储（storage）。数字示波器一般都设有多个波形存储器和像素存储器，方便波形存储。波形存储器是用来存储作为单次函数显示的波形的，一个波形存储器只能存储一个波形，如果存储一个波形到已有内容的存储器中，存储器中原来的内容将被覆盖。多个波形存储器是非易失性存储器，关机后存储内容也不会丢失。

像素存储器是为存储复杂波形而设计的，它是在显示 RAM 中开辟的一个空间，这个 RAM 空间中的每一位都对应着显示屏上波形区域的一个像素点。利用像素存储器可以把在无限长余辉方式下波形变化所积累的结果存储起来，也可以利用"Add to Memory"键把每次测量的波形累加写入像素存储器中，方便观察复杂波形的变化，但像素存储器中的内容在关机后将消失。多波形存储器和多像素存储器给信号存储带来更多选择。

⑩单次捕捉(single)。这是数字示波器常用的功能之一。相对示波器的正常工作方式来说,单次捕捉实际上只是其中的一个采集周期对信号进行取样的结果,因此,所得到的样品点之间的间隔等于采样频率的倒数。例如,在最高采样速率为 40 MB/s 时,样点间隔为 25 ns。如果认为 4 个样点能够表示一个窄脉冲,那么,可以捕捉的最窄脉冲宽度为 100 ns。

数字示波器还有捕捉尖峰干扰、多种显示方式等功能。以上介绍的仅仅是数字示波器的部分功能,此外还有很多功能,如开机自动测试、自诊断、自校准、探头过压保护、垂直放大、ECL 或 TTL 预设置、可编程的时间释抑或事件释抑、波形运算、绘图、打印、GPIB 接口等,这里不再一一叙述。这些功能非常方便,大大提高了数据采集和波形显示效率,了解和熟练掌握数字示波器的特有功能,可以为后续测量打下坚实的基础。

(4)模拟示波器与数字示波器比较。20 世纪 40 年代,电子示波器开始兴起,几十年来,示波器从电子管示波器发展到晶体管示波器、集成电路示波器,后来由模拟示波器发展到数字示波器,电子测量技术取得了巨大的进步。

20 世纪 70 年代,模拟示波器发展到高峰,带宽超过 1 GHz,但此后进展不大,因为模拟示波器要想提高带宽,需要示波管技术、垂直放大技术和水平扫描电路技术的全面改进,其技术和工艺难点较多。

20 世纪末期,数字示波器异军突起,技术发展很快,各项性能指标赶超了模拟示波器。数字示波器要改善带宽只需要提高前端的 A/D 转换器性能,因为后端主要是数字电路,有许多功能是模拟示波器无法实现的。对应的存储、显示功能爆炸性推出,为使用者提供了各种各样的应用,同时也对使用者提出了更高的要求,这就要求老师和学生学会使用数字示波器。表 3-2-2 给出模拟示波器与数字示波器的基本特点和不同之处,选择时需加以关注。

表 3-2-2 模拟示波器与数字示波器比较

类型	优点	缺点
模拟示波器	直接操作控制,简单方便 数据更新快 实时带宽和实时显示 垂直分辨率高 价格较低	不能看到触发前信号 只能用照相方法保留波形 难以显示低重复率信号 不能多通道同时测量
数字示波器	多通道同时采样 负时间测量 单次瞬态信号测量 具备波形存储与数据处理能力 具备自动测量能力 易于校准 有数字 I/O 接口 可用打印机或绘图仪绘制波形	实时性不如模拟示波器 水平、垂直分辨率不够高 可能出现混叠失真 价格较高

3.2.4 通信实验室通用示波器的使用和选择原则

(1)示波器带宽选择。工程上选择示波器按照 3~5 倍准则,即示波器所需带宽=被测信号的最高频率成分×(3~5),如此选择是为了减少波形失真和高频信号的损失。当测量 50 MHz 的方波时,用不同带宽的示波器观测波形是什么样呢? 在图 3-2-11 中,当用 60 MHz 示波器观测 50 MHz 信号时,结果让人大跌眼镜,这完全是一个失真的方波。即使使用 100 MHz 示波器进行观测,结果还是不理想,只有用 300 MHz 示波器观测时才显示正常的方波,这是因为 50 MHz 方波里面具有非常多远大于 50 MHz 的高频信号。示波器带宽必须考虑其高频谐波分量,这就给所有使用示波器的师生提出了一个基本的要求:在测量信号时,要充分考虑信号的频率组成,尤其是高频部分,要到达规定的范围,这样测量的误差就能把控,否则测量信号会失真,且不能作为有效数据和标准。

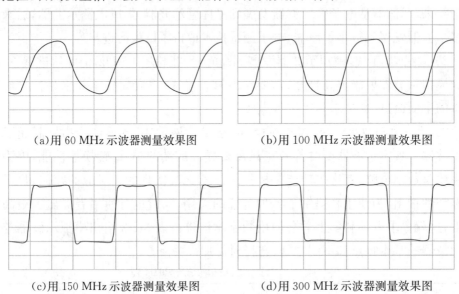

(a)用 60 MHz 示波器测量效果图　　(b)用 100 MHz 示波器测量效果图

(c)用 150 MHz 示波器测量效果图　　(d)用 300 MHz 示波器测量效果图

图 3-2-11　不同带宽示波器测量 50 MHz 方波效果图

(2)示波器各种探头类型和用法介绍。示波器是电子工程师最常用的测量仪器,而示波器探头毫无疑问是示波器最常用的配件。示波器探头是连接被测电路与示波器输入端的电子部件,没有探头,示波器就成了摆件。探头不合适或直接用导线替代示波器探头都是错误的,这种错误要引起师生的重视。

①示波器探头的作用包括提高输入阻抗、减小外界干扰、提高可测电压幅度等。

②探头可分为无源电压探头、有源电压探头、有源电流探头等很多种,不同示波器制造商还提供专用示波器探头。如果只是简单地测量直流电压,那么 1 MΩ 的无源探头基本就足够用了。然而,如果是电源系统测试中经常要求测量的三相

供电中的火线与火线,或者火线与零(中)线的相对电压差,那么就需要用到差分探头。下面分别就几种探头的功能进行介绍。

a. 无源探头是最常见的探头,图3-2-12所示为无源电压探头。一般购买示波器的时候,厂家会标配几个无源探头。常见的无源探头由探头头部、探头电缆、补偿设备或其他信号调节网络和探头连接头组成。这些类型的探针中没有使用有源元件,如晶体管或放大器,所以不需要为探头供电。总的来说,无源探头更常见,更容易使用,也更便宜。常见的无源探头可调衰减比例有1×:没有衰减;10×:10倍衰减;100×:100倍衰减;1000×:1000倍衰减。无源电压探头为不同电压范围提供了各种衰减系数。在这些无源探头中,10×无源电压探头是最常用的探头。

对于信号幅度是1V峰-峰值或更低的应用,1×探头比较适合,甚至可以说是必不可少的。但在低幅度和中等幅度信号混合(几十毫伏到几十伏)的应用中,使用可切换1×/10×探头就要方便得多。

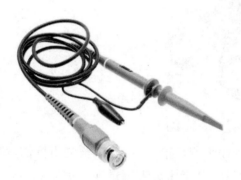 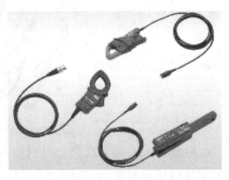

图3-2-12 示波器无源电压探头　　图3-2-13 示波器有源电流探头

b. 有源探头里包含类似晶体管和放大器的有源部件,需要供电支持,因此称为有源探头。图3-2-13所示为示波器有源电流探头。最常见的情况下,有源探头是一种场效应晶体管(field effect transistor,FET),它提供非常低的输入电容,低电容会在更宽的频段上导致高输入阻抗。有源FET探头的规定带宽一般为500MHz～4GHz,除带宽更高外,有源FET探头的高输入阻抗允许在阻抗未知的测试点上进行测量,而产生负荷效应的风险要低得多。另外,由于低电容降低了地线影响,故可以使用更长的地线。有源FET探头没有无源探头的电压范围,有源探头的线性动态范围一般为±0.6～±10 V。

c. 有源差分探头如图3-2-14所示,它测量的是差分信号。差分信号是互相参考的,而不是参考接地的信号。差分探头可测量浮置器件的信号,实质上,它由两个对称的电压探头组成,分别对地段有良好的绝缘和较高的阻抗。差分探头可以在更宽的频率范围内提供很高的共模抑制比(common mode rejection ratio,

CMRR)。差分信号和普通的单端信号走线相比,最明显的优势体现在以下三个方面。

第一,抗干扰能力强。因为两根差分走线之间的耦合很好,当外界存在噪声干扰时,几乎是同时被耦合到两条线上,而接收端关心的只是两个信号的差值,所以外界的共模噪声可以被最大限度地抵消。

第二,能有效抑制电磁干扰。同样的道理,由于两根信号的极性相反,它们对外辐射的电磁场可以相互抵消,耦合得越紧密,泄放到外界的电磁能量越少。

第三,时序定位精确。由于差分信号的开关变化位于两个信号的交点,而不像普通单端信号那样依靠高低两个阈值电压进行判断,因而受工艺、温度的影响小,能降低时序上的误差,同时也更适合于低幅度信号的电路。目前流行的就是这种小振幅差分信号技术。

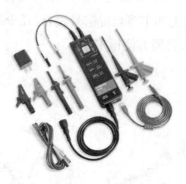

图 3-2-14　示波器有源差分探头

d. 电流探头。通常我们会想到用电压探头测得电压值,除以被测阻抗值,很容易就可以获得电流值,为什么要使用专门的电流探头来测量呢？实际上,前一种测量引入的误差非常大,一般不采用电压换算电流的方法。电流探头可以精确测得电流波形,方法是采用电流互感器输入,信号电流磁通经互感变压器变换成电压,再由探头内的放大器放大后送到示波器。电流探头基本上可分为交流电流探头和交直流电流探头两类。交流电流探头通常是无源探头,无须外接供电,而交直流电流探头通常是有源探头。传统电流探头只能测量交流信号,因为稳定的直流电流不能在互感器中感应电流。交流电流在互感器中,随着电流方向的变化,产生随电场变化的感应电压,然而,根据霍尔效应,电流偏流的半导体设备将产生与直流电场对应的电压,所以直流电流探头是一种有源设备,需要外接供电。

为确保探头的接口与示波器的接口相匹配,大多数示波器的探头接口都是BNC 接口,有的示波器的探头接口可能是 SMA 接口。有的 SMA 接口示波器可支持 50 Ω 或 1 MΩ 输入阻抗切换,但对于大多数的测量,1 MΩ 的输入阻抗是最常见的。50 Ω 的输入阻抗往往被用于测量高速信号,比如微波以及逻辑电路中的信号传输延迟和电路板阻抗测量等。

(3)示波器和探头带宽的匹配。使用探头时要特别注意不能混用,必须配对使用探头。例如,20 MHz 的探头用在 300 MHz 的示波器上,测试系统带宽远远达不到 300 MHz 示波器的效果。要正确选择示波器探头,示波器探头有相应的带宽和阻抗,示波器 Y 通道也有明确的带宽,如果使用 100 MHz 示波器,而探头是 20 MHz 带宽,测量就只对 20 MHz 以下的信号有效,探头带宽对 20 MHz 以上的信号不支持,检测会出现失真。这种情况在一些高校实验室中较为常见,因为示波器探头容易坏、损耗多,重新配置的探头如果仅仅考虑价格而不注意带宽问题,就会因探头质量和带宽不够而造成测量误差。这种情况常常被忽略,没有得到一些老师和学生的重视,由此造成不能准确测量的后果。

实验前要做好示波器和探头的匹配自检工作,示波器的输入阻抗往往可以定为 1 MΩ 或 50 Ω,但示波器的输入电容却受带宽和其他设计因素的影响。通常情况下,1 MΩ 阻抗的示波器常见的输入电容为 14 pF,这个数值也可能在 5 pF 到 100 pF 之间。因此,为了让探头与示波器的输入电容相匹配,在选择探头之前要了解探头的电容范围,然后通过校准棒来调节探头的电容,这就是探头的补偿,也是使用探头时应该注意的第一步。实验开始前进行仪器和连接线等的检查是必需的,尤其是示波器和探头的匹配,从图 3-2-15 中可以看到示波器探头与示波器 Y 通道匹配的三种情况。

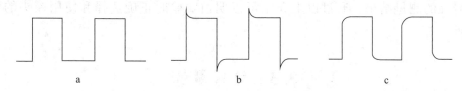

图 3-2-15　示波器方波自检匹配效果图

图 3-2-15(a)表示探头与示波器 Y 输入端良好匹配;图 3-2-15(b)表示探头与示波器 Y 输入端"过"补偿,可以通过调整探头上内置的补偿电容实现匹配;图 3-2-15(c)表示探头与示波器 Y 输入端"欠"补偿,可以通过调整探头上内置的补偿电容实现匹配。

无源探头校准步骤:首先将无源探头接到示波器通道上,再用无源探头前端夹住示波器的校准信号和地线,调整示波器触发扫描,观察示波器上的波形是否为标准的方波。如果不是标准的方波,需要利用探头标配工具调整探头上面的电容。无源探头上有一个可调电容旋钮,用螺丝刀顺时针或逆时针微调,直至出现图 3-2-15(a)所示的效果。

学会对探头进行正确的补偿。不同示波器的输入电容可能不同,甚至同一台示波器的不同通道也会略有差别,探头也有很多种。实验前对探头进行补偿调节是学生应该掌握的基本技能,图 3-2-16 所示为调整示波器探头补偿电容示意图。

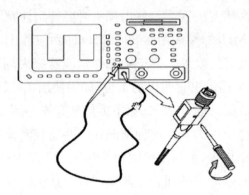

图 3-2-16　调整示波器探头补偿电容示意图

　　探头与被测电路连接时,探头的接地端务必与被测电路的地线相连,否则在悬浮状态下,示波器与其他设备或大地间的电位差可能导致触电或损坏示波器、探头或其他设备。尽量使探头的接地导线与被测点的位置相接近,若接地导线过长,可能会引起振铃或过冲等波形失真。当两个测试点都不处于接地电位时,要进行"浮动"测量,也称差分测量,测量时要使用专业的差分探头。

　　探头对示波器的测量至关重要,首先要求探头对探测电路的影响必须最小,并且对测量值保持足够高的信号保真度。如果探头以任意方式改变信号或改变电路运行方式,示波器上看到的实际信号就会严重失真,进而可能导致错误的或误导性的测量结果。通过以上介绍可以明白实验时正确选择和使用探头的重要性。

3.3　频域测量

3.3.1　频域测量分类和特点

　　频域测量方法可以分为三类:①点频法,用于静态频率特性测量;②扫频法,用于动态频率特性测量;③频谱仪测量,用于信号的频谱分析。下面简述三类方法的原理和特点。

3.3.1.1　点频法

　　工程师常用点频法测量通信电子线路参数,点频法就是"逐点"测量幅频特性的方法,实际使用时要注意明确被测电路和合理选用相应仪器。图 3-3-1 所示为点频法测量原理图。

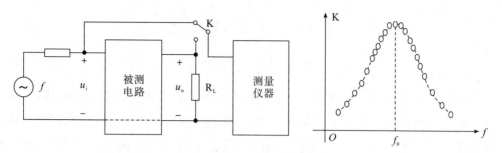

图 3-3-1 点频法测量原理图

点频法的特点是所测出的幅频特性是电路系统在稳态情况下的静态特性曲线。但由于要逐点测量,操作烦琐费时,并且由于频率离散而不连续,可能会遗漏掉某些特性突变点。这种方法一般只用于实验室测试研究,若用于生产线,则效率太低。当然,如果测量时足够细致,频率步进间隔足够小,还是能够得到正确的幅频特性的,尤其在对电路未知的情况下,可以了解系统响应的状况。因此,很多工程师在设计电路初始阶段常用到该方法。

如果能够在测试过程中,使信号源输出信号的频率自动地从低到高连续变化并且周期性重复,并可利用检波器将输出包络检出并送到示波器上显示,就可自动地描绘出幅频特性曲线。

3.3.1.2 扫频法

扫频法可以实现频率特性的自动测绘,不会像点频法那样遗漏掉某些细节。值得注意的是,扫频法是在一定扫描速度下获得被测电路的动态频率特性,这比较符合被测电路的实际应用情况,图 3-3-2 所示为扫频仪电路方框图。

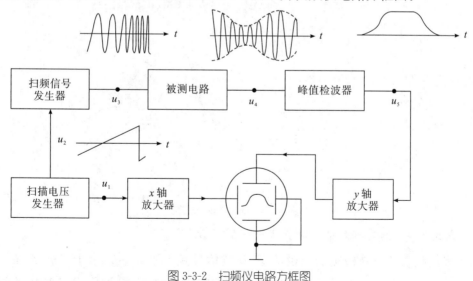

图 3-3-2 扫频仪电路方框图

3.3.1.3 示波器和频谱仪的关系

信号的时域和频域特性在数学上可表示为一对傅里叶变换关系,即

$$f(t) = \frac{1}{2\pi} \int F(\omega) \mathrm{e}^{j\omega t} \mathrm{d}\omega$$

$$F(\omega) = \int f(t) \mathrm{e}^{-j\omega t} \mathrm{d}t$$

示波器和频谱仪是从不同角度观测同一个电信号的,各有不同的特点,图 3-3-3 所示为从不同角度观察波形示意图。示波器从时域上容易区分电信号的相位关系。图 3-3-4(a)所示为基波与二次谐波起始峰值对齐的合成波形(线性相加),图 3-3-4(b)所示为基波与二次谐波起始相位相同的合成波形,两者的合成波形相差很大,在示波器上可以明显地看出来,但在频谱仪上仍是两个频率分量,看不出差异。如果合成电路(如放大器)存在非线性失真,即基波和二次谐波信号不能线性相加,两者则有交互作用,像混频器一样,会产生新的频率分量,这在示波器上将难以观察到,而在频谱仪上则可以明显看到由于非线性失真所带来的新频谱分量。可见,示波器和频谱仪有各自的特点,可以起到互相补充的作用。

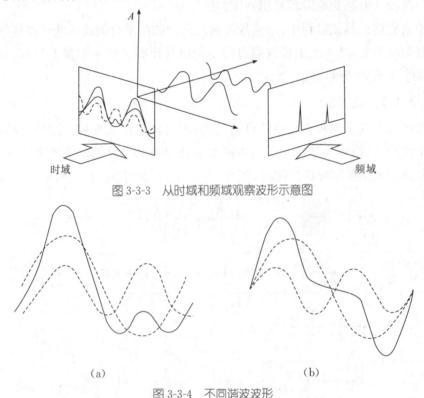

图 3-3-3　从时域和频域观察波形示意图

(a)　　　　　　　　　　　(b)

图 3-3-4　不同谐波波形

3.3.1.4　信号的频谱分析仪器——频谱仪

现代频谱仪有着极宽的测量范围,观测信号频率可高达几十千兆赫兹,幅度跨度超过 140 dB。频谱仪还有着相当广泛的应用场合,以至被称为射频万用表,成为一种基本的测量工具。

频谱仪从工作原理上可分为模拟式频谱仪与数字式频谱仪两大类。模拟式频谱仪是以模拟滤波器为基础的,使用扫频外差法;数字式频谱仪是以数字滤波器或快速傅里叶变换为基础的。

目前,频谱仪在通信电子线路中广泛使用,是通信设备必配的仪器,其主要应用于如下一些方面:正弦信号的频谱纯度测量、调制信号的频谱测量、非正弦波(如脉冲信号、音频和视频信号)的频谱测量、通信系统的发射机质量分析、激励源响应的测量、放大器的性能测试、噪声频谱的分析、电磁干扰的测量等。

下面就频谱仪的几种实现电路进行介绍。

(1)模拟式频谱仪。图3-3-5所示为并行滤波频谱仪方案,图3-3-6所示为顺序滤波频谱仪方案,图3-3-7所示为可调滤波频谱仪方案,图3-3-8所示为外差法频谱仪方案。

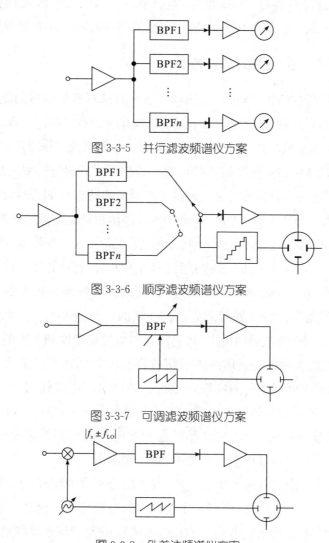

图 3-3-5　并行滤波频谱仪方案

图 3-3-6　顺序滤波频谱仪方案

图 3-3-7　可调滤波频谱仪方案

图 3-3-8　外差法频谱仪方案

(2)数字滤波式频谱仪。数字滤波法是仿照模拟式频谱仪,用数字滤波器代替模拟滤波器的方法,如图 3-3-9 所示,图中数字滤波器的中心频率的顺序可由控制和时基电路改变。

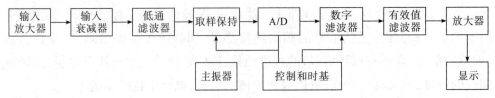

图 3-3-9　数字滤波式频谱仪方案

数字滤波的主要功能是对数字信号进行过滤处理,由于输入/输出都是数字序列,所以数字滤波法实际上是一个序列运算加工过程。与模拟滤波器相比,数字滤波器具有滤波特性好、可靠性高、体积小、重量轻、便于大规模生产等优点。但是,目前数字系统速度还不够高,故数字滤波器在使用上还有局限性。

3.3.2　频谱仪的主要技术特性

(1) 频谱仪的选择性。频谱仪的选择性表示其选择有用信号的能力,习惯上用频谱分辨率来表示选择性的优劣。顾名思义,频谱分辨率是指能把靠得最近的相邻两个频谱分量(两条相邻谱线)分辨出来的能力。从频谱仪工作原理可以知道,分辨率高低主要取决于窄带中频滤波器的带宽。若要深入理解分辨率的概念并了解其影响因素,还需进一步分析和讨论。频谱仪选择性的特点有:①分辨率。分辨率可分为下列三种:a. 分辨带宽,又称－3 dB 带宽,即用窄带滤波器的－3 dB 带宽区别两个等幅信号的最小间隔频率;b. 裙边分辨率,又称－60 dB 带宽,指区分两个相邻频谱分量幅度相差－60 dB 时的分辨率,主要取决于滤波器－60 dB 的通带宽度;c. 形状因子(form factor,FF),又称滤波器的选择性或矩形系数,即滤波器在－60 dB 处的带宽与－3 dB 处的带宽之比,FF 的理想值为 1。②动态频率特性与自适应的关系。③影响分辨率的因素主要有本振的稳定度和本振的相位噪声。

(2) 频谱仪的灵敏度。灵敏度表示接收器接收微弱信号的能力,而限制接收机灵敏度提高的主要因素是内部噪声电平。频谱仪在不加任何信号时也会显示噪声电平,这个显示的平均噪声电平(displayed average noise level,DANL)通常称为本底噪声(noise factor)。本底噪声在频谱图中表现为接近显示器底部的噪声基线,因此,若被测信号小于本底噪声,则无法测出。

本底噪声是频谱仪自身产生的噪声,其大部分来自中频放大器第一级前器件与电路的热噪声,且是宽带白噪声。而频谱仪的分辨带宽只允许一小部分噪声能量加到包络检波电路及视放电路去,因此,本底噪声大小与分辨带宽有关。

频谱仪灵敏度是指在特定的分辨带宽下,或归一化到 1 Hz 带宽时的本底噪声,常以 dBm 为单位,一般数量级为－150～－100 dBm。

(3) 频谱仪的动态范围。动态范围表示频谱仪同时测量大小信号的能力,用最大信号(A_{max})与最小信号(A_{min})之比的分贝(dB)值 D 表示。

$$D = 20\lg \frac{A_{max}}{A_{min}}$$

影响动态范围的因素有混频器的内部失真、内部噪声电平、本振噪声等。其中,混频器的内部失真限制最大信号电平,内部噪声电平限制最小信号电平,本振噪声限制观测近端微弱信号的能力。

3.3.3 频谱仪的应用

频谱仪具有灵敏度高、频带宽等特点,在射频及微波频率下使用会特别方便。例如,频谱仪一般可测量到微伏级的微弱信号,而一般示波器只能测到毫伏级的信号,频率计仅能测到几十毫伏的信号。频谱仪的频率范围可从几千赫兹到几十千兆赫兹,而频带高于几百兆赫兹的示波器就很昂贵了。在信号失真检测及调制信号测试方面,频谱仪更显示出其优越性,例如,信号 5% 的失真在示波器上难以觉察,而在频谱仪上,极小的失真都能看出来。下面结合通信电子线路指标介绍频谱仪的几种应用。

(1) 频谱纯度(寄生频率分量和噪声)的测定。理想的正弦信号由幅度、频率和相位三个参数来表征,在频谱仪上为一根谱线,频谱纯度非常好。但实际的正弦信号还涉及谐波含量、杂波含量、噪声含量、寄生调制、频率稳定度、幅度稳定度等寄生参数,因此,实际正弦信号的频谱可能出现如图 3-3-10 所示的图像。当频谱仪采用宽带线性扫频时,可以方便地识别被测信号的基波谱线和各次谐波谱线。如果纵坐标选用对数刻度,调节频谱仪的增益使基波谱线高度等于 0 dB,那么各次谐波谱线所对应的纵轴刻度就是该次谐波的含量。例如,图 3-3-10 所示的二次谐波含量为 −30 dB,三次谐波含量为 −40 dB。

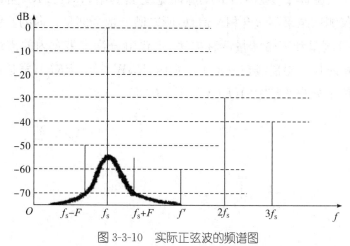

图 3-3-10 实际正弦波的频谱图

(2) 调幅信号的测量。单音调幅信号的频谱包含三个频率分量,一个是载波,另外两个对称地分布在载波两侧,称为边带分量。边带分量的幅度正好是调制信号幅度的一半,边带分量与载波分量的频率差正好是调制频率。单音调幅信号波形图如图 3-3-11 所示,单音调幅信号频谱图如图 3-3-12 所示。

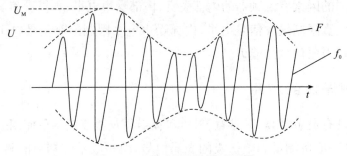

图 3-3-11　单音调幅信号波形图

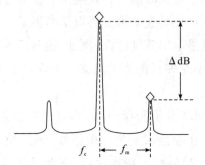

图 3-3-12　单音调幅信号频谱图

(3) 脉冲调制信号的测量。矩形脉冲调幅信号的频谱如图 3-3-13 所示,合成产生的边带谱对称地分布在载波频率 f_0 两旁,PRF 为脉冲重复频率,T 为脉冲周期。主瓣宽度是旁瓣宽度的 2 倍,主瓣包络在离载频 Δ 处过零($\Delta=1/\tau$,τ 为脉冲宽度),谱分量间隔是脉冲重复频率 PRF。用频谱仪可以测量载波频率 f_0、峰值脉冲功率 P_P、脉冲重复频率 PRF、脉冲宽度 τ,其中,f_0、τ、PRF 可以直接测量得到。频谱仪测试结果不包含相位信息,所以谱分量全部是正向的。脉冲频谱的测量分为宽带测量和窄带测量两种方法,主要由分辨率带宽内的谱线数目来决定。窄带测量时仅一根谱线在分辨率带宽内($RBW<0.3\ PRF$),宽带测量时同时有很多谱线位于分辨率带宽内($RBW>1.7\ PRF$)。

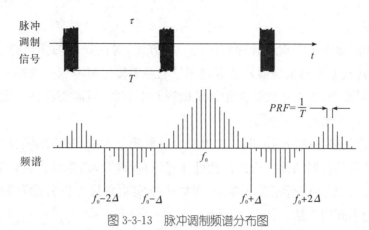

图 3-3-13 脉冲调制频谱分布图

(4)相位噪声的测量。相位噪声是信号源短期频率稳定度的表征,也是频谱纯度的一个重要度量指标。使用频谱仪测量相位噪声属于直接测量法。在频谱仪上显示的相位噪声信号是对称的,通常取单边信号为单边带相位噪声,如图 3-3-14 所示。单边带相位噪声是指在载波频率的某一固定频偏处(如图 3-3-14 中 f_{off}),在 1 Hz 带宽内出现相对载波电平的幅度,单位为 dBC/Hz,按此定义测量相位噪声群。

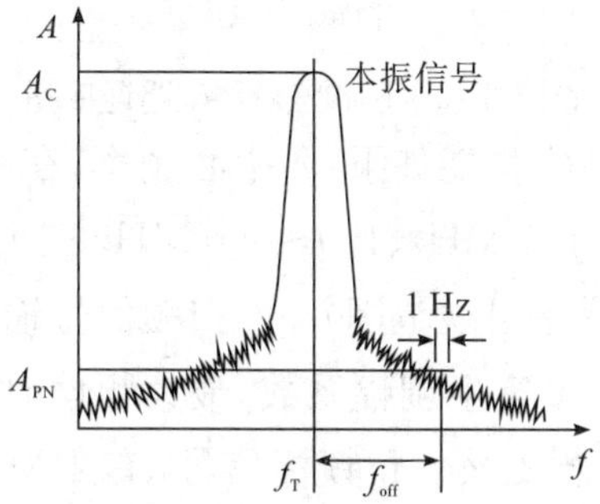

图 3-3-14 单边带相位噪声

3.3.4　通信电子线路实验中频谱测量方法的选择

(1)频谱测量方法简介。前面介绍了频域测量的基本方法,在高校实验和工程实际应用中是有所不同的。实验中可以根据条件选择下列方法的一种,这里简要介绍它们的特点。

①扫频仪(频率特性分析仪)是传统的仪器之一,使用这类仪器可以将电路的频谱特性一次性测试出来,波形清晰,效率高,幅频特性图连续、无死角。但国内生产此类仪器的厂家较少,且探头和检波器配件容易损坏,出现问题时使用者往往不明就里,仪器可选择的余地较少。

②频谱仪(频谱分析仪)应用广泛,仪器厂家和种类较多,测量快速、便利,但提供的幅频特性图是离散的,很少能提供连续的波形,频谱细节观察有缺失,工程

上使用较多。

③点频法是电子工程设计师常用的一种方法,对应设计的新电路,配合信号源和示波器(或电压测量仪器),能准确测量电路中任何频率点上的输入与输出关系,测量数据准确,能真正地让测量人员做到心中有数,但需要花费一定时间画图才能完成相应频谱范围的测量。

(2) 三种测量方法应用说明。这里结合三种测量方法、对应的测试工作台、测试数据及得到的波形图逐一介绍。此处通过测量小信号谐振放大器幅频特性图,给出实际方法,实际进行相关实验时,可以根据实验室仪器设备配置和需求及课时要求采用不同的方法。

①扫频法测量电路连接图如图 3-3-15 所示。扫频仪是传统电路的幅频测量仪器,主要用来测试宽带放大器、雷达接收机的中频放大器、电视接收机的频率特性及鉴频器特性,是一种较为典型的频率特性测试仪。下面以 BT-3 扫频仪为例作简要介绍。

图 3-3-15 扫频法测量电路连接图

BT-3 扫频仪的主要技术性能如下:a. 中心频率,在 1～300 MHz 内可任意调节,分为 1～75 MHz、75～150 MHz、150～300 MHz 三个波段。b. 扫频频偏,最大频偏为±7.5 MHz(屏幕水平可视范围)。c. 扫频信号输出,输出电压≥0.1 V(有效值),输出阻抗为 75 Ω。d. 寄生调幅系数,最大频偏时在±7.5% 内。e. 调频非线性系数,最大频偏时小于 20%。f. 频标信号,有 1 MHz、10 MHz 和外接频标三种。

扫频仪使用前的自检状态如图 3-3-16 所示,扫频仪测量放大器幅频特性图如图 3-3-17 所示。

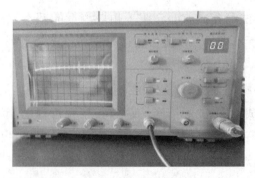

图 3-3-16 扫频仪使用前的自检状态

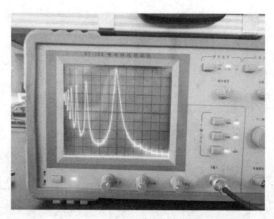

图 3-3-17　扫频仪测量放大器幅频特性图

②频谱法测量电路连接图如图 3-3-18 所示,频谱仪测量工作台及其测量波形如图 3-3-19 所示。

图 3-3-18　频谱法测量电路连接图

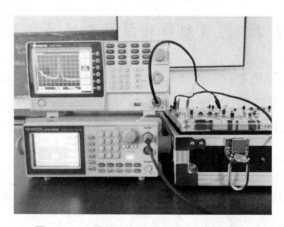

图 3-3-19　频谱仪测量工作台及其测量波形

③点频法测量电路连接图如图 3-3-20 所示,点频法测量放大器实际测量工作台及其测量波形如图 3-3-21 所示。

图 3-3-20　点频法测量电路连接图

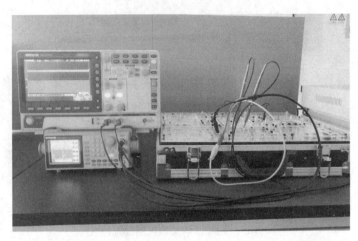

图 3-3-21　点频法测量放大器实际测量工作台及其测量波形

实际操作中,要确保加到待测电路的信号源输出信号幅度不变,信号频率按照设定的频率范围步进,用示波器或交流电压表读出每个不同频率的待测电路输出,逐点(每个频率点)画出其对应的幅频特性图。这种方法虽然费时,但结果准确,可以避免使用扫频仪和频谱仪产生的测量误差,还可以直观地掌握电路的真实性能。

3.4　阻抗测量和测试连接头选择

阻抗是高频通信电子线路重要的指标之一,在平时的学习和实验中容易被忽视,但在通信系统的测量中却经常遇到。这里简单介绍阻抗标准、阻抗的模拟测量法、阻抗的数字测量法等相关知识点。

3.4.1　阻抗标准

(1)通信电子线路的阻抗与信号的频率和波长有关,通常工程上不同频率的信号有对应的波称谓,见表 3-4-1。

表 3-4-1　工程上常见波的频段对应表

f	30～300 MHz	0.3～3 GHz	3～30 GHz	30～300 GHz
$\lambda=C/f$	1～10 m	10 cm～1 m	1～10 cm	1～10 mm
称谓	米波	分米波	厘米波	毫米波

根据信号频率不同,元器件的参数(尤其是阻抗)可分成集总参数和分布参数两类。

①高频(30～300 MHz)以下波段,即波长大于 1 m 的情况。这时元器件的参数为集总参数(元件尺寸远大于波长),参数集中在 R、L、C 等元件中,与导线无关。

②微波(300 MHz～300 GHz)，即波长小于 1 m 的情况。这时元器件的参数为分布参数(元件尺寸约等于波长)，参数分布在腔体、窗口、微带线等微波器件中，与路径有关。

(2)本章只涉及集总参数元件的特性表征。

阻抗的表达式为

$$\dot{Z} = \frac{\dot{U}}{\dot{I}} = R + jX = |Z|e^{j\varphi} = |Z|(\cos\varphi + j\sin\varphi)$$

$$|Z| = \sqrt{R^2 + X^2}$$

$$\varphi = \arctan\frac{X}{R}$$

阻抗的矢量图如图 3-4-1 所示。

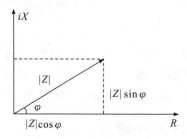

图 3-4-1 阻抗的矢量图

R、L、C 只能近似地看作理想的纯电阻或纯电抗。任何实际电路元件的参数数值(不仅是复数阻抗)一般都随所加的电流、电压、频率及环境温度、机械冲击等的变化而变化。特别是当频率较高时，受各种分布参数的影响十分明显，这时，电容器可能呈现感抗，而电感线圈可能呈现容抗。

①电感线圈。电感线圈的主要参数为电感 L，但不可避免地还包含损耗电阻 r_L 和分布电容 C。在一般情况下，r_L 和 C 的影响较小。图 3-4-2(a)为理想电感，图 3-4-2(b)为电感线圈的等效阻抗。

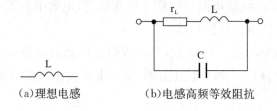

(a)理想电感　　(b)电感高频等效阻抗

图 3-4-2 电感线圈的等效电路

②电容器。电容器的等效电路如图 3-4-3(a)所示，其中，除理想电容 C 外，还包含介质损耗电阻 R_j，由引线、接头、高频趋肤效应等产生的损耗电阻 R，以及在电流作用下因磁通引起的电感 L_0。低频时电容器的等效电路如图 3-4-3(b)所示，高频时电容器的等效电路如图 3-4-3(c)所示。

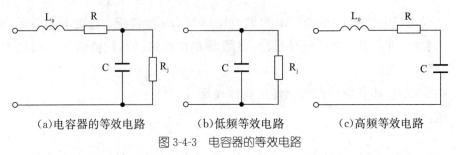

(a) 电容器的等效电路　　(b) 低频等效电路　　(c) 高频等效电路

图 3-4-3　电容器的等效电路

③电阻器。电阻器的等效电路如图 3-4-4 所示,其中,除理想电阻 R 外,还有串联剩余电感 L_R 及并联分布电容 C_f。令 $f_{oR}=\dfrac{1}{2\pi\sqrt{L_R C_f}}$,为其固有谐振频率,当 $f<f_{oR}$ 时,等效电路呈感性,电阻与电感皆随频率的升高而增大;当 $f>f_{oR}$ 时,等效电路呈容性。

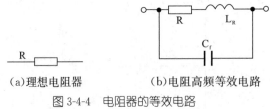

(a) 理想电阻器　　　　　(b) 电阻高频等效电路

图 3-4-4　电阻器的等效电路

3.4.2　阻抗的测量方法和特点

通过上面对 R、L、C 基本特性的分析,可以明显地看出,电感线圈、电容器和电阻器的实际阻抗随各种因素而变化。涉及高频通信电子线路时,其中的阻抗要充分注意参数的变化,否则测量结果的误差较大。在选用和测量 R、L、C 时,必须注意以下两点。

①保证测量条件与工作条件尽量一致。测量时所加的电流、电压、频率、环境条件等必须尽可能接近被测元件的实际工作条件,否则,测量结果很可能无多大价值。

②了解 R、L、C 的自身特性。在选用 R、L、C 元件时就要了解各种类型元件的自身特性。例如,线绕电阻只能用于低频状态,电解电容的引线电感较大,铁芯电感要防止大电流引起的饱和等。

这里思考两个问题:图 3-4-5(a)中,为何电源滤波电路中通常在大电容 C_1 旁边并联若干小电容 C_2?图 3-4-5(b)中,耦合电容大小与信号频率有何关系?

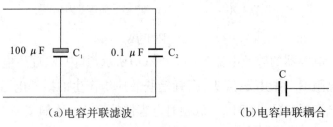

(a) 电容并联滤波　　　　　(b) 电容串联耦合

图 3-4-5　不同电容器在并联滤波和串联耦合中的作用

在滤波电路中,电解电容引线的电感大,高频时显感性,失去滤波作用,但对低频滤波效果好。陶瓷片之类的电容,高频特性好,对高频滤波效果好,但容量小,对低频滤波效果不好,工程上习惯称之为"大电容滤低频,小电容滤高频"。在耦合电路中,工程上习惯称之为"大电容通低频,小电容通高频"。

3.4.3 元件阻抗测量的基本技术

(1)测量方法。

①电桥法。电桥法测量阻抗如图 3-4-6 所示。电桥法测量阻抗的公式如下:

$$Z_x = \frac{Z_1}{Z_2} Z_3$$

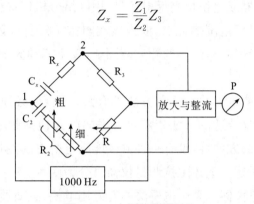

图 3-4-6 电桥法测量阻抗

电桥法具有精度高(0.1‰典型值)、价格低、使用不同电桥可得到宽频率范围等优点,缺点是需要手动平衡,单台仪器的频率覆盖范围较窄,频率范围为 0～300 MHz。

②谐振法。谐振法测量阻抗如图 3-4-7 所示。通过改变电容 C 直到电路谐振,谐振时 $X_L = X_C$,仅有 R_x 存在,其谐振频率为

$$\omega = \omega_0 = \frac{1}{\sqrt{LC}}$$

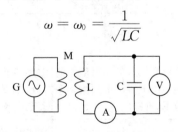

图 3-4-7 谐振法测量阻抗

谐振法可测量很高的 Q 值,缺点是需要调谐到谐振,阻抗的测量精度低,频率范围为 10 kHz～70 MHz。

③电压电流法。由测量的电压值和电流值计算被测阻抗 Z_x,电流通过它所流经 R 上的电压进行计算。电压电流法可测量接地器件,适合于探头类测试,使用简单,缺点是工作频率范围受使用探头的变压器的限制,频率范围为 10 kHz～100 MHz。

④射频电压电流法。射频电压电流法与电压电流法的原理相同,连接电压表和电流表的方法有高阻抗类型和低阻抗类型两种。

射频电压电流法具有高精度(0.1%典型值)、高频下宽阻抗范围的优点,但其工作频率范围受使用探头的变压器的限制,频率范围为 1 MHz～3 GHz。

⑤自动平衡电桥法。自动平衡电桥法具有高精度(0.05%典型值)、测量范围宽、使用简单的优点,但其不能适应更高的频率范围,频率范围为 20 Hz～110 MHz。

⑥网络分析法。网络分析法是指通过测量输入信号与反射信号之比得到反射系数,用定向耦合器或电桥检测反射信号,用网络分析仪提供激励并测量响应。网络分析法具有高频率范围的优点,但当被测阻抗接近特征阻抗时,为了提高精度,需要重新校准测量频率,阻抗的测量范围窄,频率范围为 300 kHz～3 GHz,甚至超过 3 GHz。

(2)选择正确的测量方法。每种方法都有其优缺点,必须首先考虑测量的要求和条件,然后选择最合适的方法。需要考虑的因素包括频率覆盖范围、测量量程、测量精度和操作的方便性,没有一种方法能满足所有的测量要求,因而在选择测量方法时需折中考虑。上述阻抗测量仪器可分为两种。

①模拟阻抗测量仪器。采用电桥法的有万用电桥、惠斯通电桥等各种电桥仪器;采用谐振法的有 Q 表;采用电压电流法的有多用表、可变电阻器和 LCR 参数测试仪。

②数字阻抗测量仪器。采用射频电压电流法的有射频阻抗分析仪;采用自动平衡电桥法的有 LF 阻抗测量仪;采用网络分析法的有网络分析仪。

表 3-4-2 为常用阻抗测量仪器的分类与方法比较表,方便使用时对比选择。

表 3-4-2 常用阻抗测量仪器的分类与方法比较

类别	仪器分类	采用方法	优点	缺点	频率范围	一般应用
模拟阻抗测量仪器	万用电桥、惠斯通电桥等各种电桥仪器	电桥法	高精度(0.1%典型值);使用不同电桥可得到宽频率范围;价格低	需要手动平衡;单台仪器的频率覆盖范围较窄	0～300 MHz	标准实验室
	多用表、可变电阻器、LCR 参数测量仪	电压电流法	可测量接地器件;满足探头类测量的需要	在工作频率范围内受使用探头的变压器的限制	10 kHz～100 MHz	接地器件测量
	Q 表	谐振法	可测很高的 Q 值	需要调谐到谐振,阻抗测量精度低	10 kHz～70 MHz	高 Q 值器件测量

续表

类别	仪器分类	采用方法	优点	缺点	频率范围	一般应用
数字阻抗测量仪器	LF阻抗测量仪	自动平衡电桥法	在从低频至高频的宽频率范围,且宽的阻抗测量范围内具有高精度	不能适应更高的频率范围	20 Hz～110 MHz	通用元件测量
	射频阻抗分析仪	射频电压电流法	在高频范围内具有高精度(0.1%典型值)和宽阻抗范围	工作频率范围受限于探头使用的变压器	1 MHz～3 GHz	射频元件测量
	网络分析仪	网络分析法	高频率范围;当被测阻抗接近特征阻抗时得到高精度;可测量接地器件	改变测量频率后需要重新校准;阻抗测量范围窄	300 kHz～3 GHz,甚至超过3 GHz	射频元件测量

3.4.4 测试连接头

(1)工程上连接头的选择往往容易被忽视,造成误差。所有阻抗测试都涉及连接头的问题,要清楚了解其中要点,常用的连接头有:①两端接线柱式连接头(或香蕉插头),适用于Q表等低准确度谐振式阻抗仪器;②有极性的同轴连接头;③中性精密同轴连接头;④三端连接头、四端连接头和五端连接头;⑤四端对连接头。

(2)各类连接头测阻抗的连接示意图和测量范围如图3-4-8至图3-4-12所示。

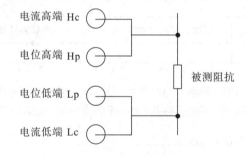

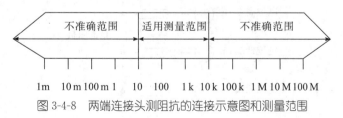

图 3-4-8 两端连接头测阻抗的连接示意图和测量范围

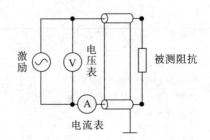

阻抗测量范围(Ω)

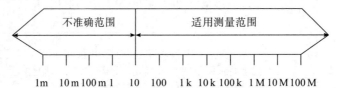

1m　10m 100m 1　10　100　1k　10k 100k 1M 10M 100M

图 3-4-9　三端连接头测阻抗的连接示意图和测量范围

阻抗测量范围(Ω)

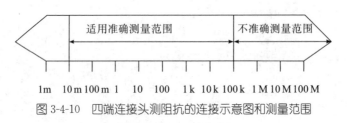

1m　10m 100m 1　10　100　1k　10k 100k 1M 10M 100M

图 3-4-10　四端连接头测阻抗的连接示意图和测量范围

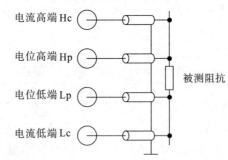

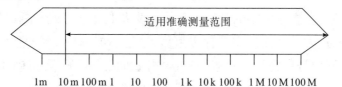

图 3-4-11　五端连接头测阻抗的连接示意图和测量范围

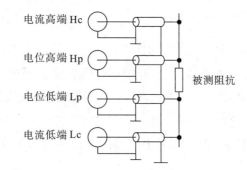

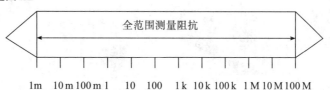

图 3-4-12　四端对连接头测阻抗的连接示意图和测量范围

实际的阻抗测量范围不仅取决于测量仪器,也取决于四端对连接头与被测器件的正确连接,否则也会限制测量范围。

上述每种连接方法各有优缺点,必须根据被测器件的阻抗和要求的测量精度,选择最适合的连接方法。

连接方法的选择在高频信号测量时尤其重要,过去在低频电路的测量和连接时,一些学生随便用导线插接或连接,养成了不良习惯,在本课程实验中也随便使用连接头和连接线,这种现象要避免出现。

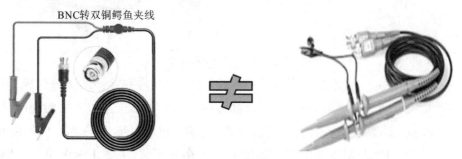

图 3-4-13　鳄鱼夹线和示波器探头

如图 3-4-13 所示,鳄鱼夹线和示波器探头均有 BNC 连接头,很容易出现用鳄鱼夹线取代示波器探头,或用示波器探头取代鳄鱼夹线的情况,这些都是不被允许的。

在通信电子线路实验中，不良的接线习惯会带来很多问题，造成实验出现困难或结果不准确。高频电路的测量和参数需要专业连接方式和相应接线端子，由于工程上的连接方式和连接端子种类繁多，这里不能逐一介绍，但有个原则是必须知道：不同信号传输要有对应的连接方法和接线端子，要正确使用仪器自配的连接配件，不能随便调换，若因损坏而必须更换，要正确选择类似的配件。

3.4.5 常用连接头和连接线

（1）连接器也称插针插孔、插头和插座，一般是指电器连接器，即连接两个有源器件的器件，用于传输电流或信号，是电子工程技术人员经常接触的一种部件，如图3-4-14所示。常用的一类连接器为BNC接口，即同轴线缆接头，可以屏蔽视频输入信号，减少信号之间的干扰，且其信号带宽比普通15针的D型接口大，可达到更佳的信号响应效果，现在多用于仪器传输信号的接头连接器。

图 3-4-14 常用连接器

（2）接线端子是用于实现电气连接的一种配件产品，工业上划分为连接器的范畴。接线端子是为了方便导线的连接而应用的，它其实就是一段封在绝缘塑料里面的金属片，两端都有孔，可以插入导线。接线端子可以分为拉伸式接线端子、插拔式接线端子等，如图3-4-15所示。

图 3-4-15 常用接线端子

（3）接插件是一种连接电子线路的定位接头，由插件和接件两部分构成，一般状态下是可以完全分离的，开关和插针插孔的相同之处在于通过其接触对的接触状态的改变，实现其所连电路的转换，因此，接插件也可以称为连接器。连接器和接插件的用处相同，都属于电子元器件的一个细分领域，主要用于电路与电路之间的连接。连接器可分为BTB连接器、FPC连接器、FFC连接器、RF连接器等。BTB/FPC连接器在智能手机中应用广泛，用于手机电池、屏幕、摄像头等与主板的连接,传输能力很强。BTB/FPC 连接器的性能需要通过测试来验证,可用弹片微针模组建立稳定的连接,在大电流传输中,可承载 1~50 A 的电流,过流稳定无衰减。

本章小结

了解工程测量实验的五个因素(测量对象、仪器系统、原理方法、测量环境和测量人员)并付诸实施,是确保通信电子线路实验顺利进行的必要条件。参与通信电子线路实验时,需要对每一个因素有充分的认识。电子仪器及其测量工艺规范是其中重要的环节,是完成通信电子线路实验必须掌握的,各位学生需要在实验前预习相关内容,以便能较快地进入实验。

本章主要介绍常用仪器的工作原理、仪器种类和性能、仪器选择及使用等。

第一部分介绍通用信号源。通用信号源是实验仪器的第一类,担当激励源和基准信号。这部分主要讲述通信实验室常见的信号发生器种类,包括合成信号发生器、任意波形发生器、间接锁相环合成发生器,以及脉冲信号发生器、射频合成信号发生器,同时介绍通信电子线路实验用信号源的选择和使用原则,为学生在实验中正确选择信号源提供参考。

第二部分介绍示波器。示波器在实验中是最通用的仪器。本章考虑到示波器使用频次和高校实验室示波器配置,较系统地从示波器的基本功能和分类、模拟式通用示波器、数字示波器等方面进行介绍。因为目前高校实验室里数字示波器占主流,因此相关内容的重点放在数字示波器上,侧重数字示波器主要电路组成和功能、主要技术性能指标和优势功能的介绍。这一部分还提出通信实验室通用示波器的使用和选择原则,包括示波器带宽选择和示波器各种探头类型和用法的介绍。

第三部分介绍频域测量仪器。通信系统和通信电子线路的大量信号测量需要用到频域测量仪器,因此,本章从频域测量分类和特点、频谱仪的主要技术特性、主要频谱仪的应用功能、通信电子线路实验中频谱测量的方法选择等方面进行阐述。通信工程师使用频谱仪测量电路频率特性是常态,必须掌握相关内容。

频域测量仪器的核心方法主要有点频法、扫频法和信号的频谱分析法。频谱分析仪在电路结构上可分为模拟式频谱仪和数字式频谱仪两大类。使用频谱仪时,最常见的指标测试有频谱纯度(寄生频率分量和噪声)的测定、调幅信号的测量、脉冲调制信号的测量、相位噪声的测量等。

　　第四部分介绍阻抗测量和测试连接头选择。通信电子线路属于高频电路范畴，过去电路工作频率较低时，计算元器件都用对应的集总参数，R、L、C 分别有自己的数值和单位，但电路工作在高频时状态完全不一样。此时 R 中有分布参数 L 和 C，C 中有损耗 R 和 L 效应，同样 L 中有损耗 R 和 C 效应，这就给阻抗测量提出新的要求，这也是学习高频（通信电子）线路必须了解和掌握的，否则实验中就会产生较大误差。

　　这部分重点讨论了阻抗的测量方法和特点、元件阻抗测量的基本技术、相应的测试方式和连接头选择。阻抗的测量方法有电桥法、谐振法、电压电流法、射频电压电流法、自动平衡电桥法和网络分析法。当工作信号频率不同时，精度要求和测量电路复杂度之间如何进行平衡、针对不同条件和目标如何选择合适的方法等都是以前没有关注的，但这些都对通信系统指标有很大影响，这里要特别指出。使用不同的连接头和连接方式测量的数据会有很大不同，希望学生能够认识到阻抗测量方法选择和对应参数选择的重要性。

第4章 误差与数据处理

4.1 误差的概念与表示方法

4.1.1 误差的概念

误差可表达为误差=测量值-真值,这里测量值是实际测量的数值,而真值是一个理想的概念,理论上真值客观存在,但实际上却难以获得,因为自然界任何物体都处于永恒的运动中,一个量在不同时间、空间都会发生变化,从而有不同的真值。故真值应是指在瞬间条件下的值,一般来说是无法通过测量来获得的。

例如,在电压测量中,电压真值为 5 V,测得的电压为 5.3 V,则误差=5.3 V-5 V=0.3 V。电压真值 5 V 该如何获得呢?实际工程上通常用以下三种办法来确定"真值":①真值可由理论(或定义)给出,如三角形内角和为 180°;秒的定义由国际计量大会统一给出(例如,将"秒"定义为铯原子能级跃迁 9192631770 个周期的持续时间)。②可用"约定真值"代替"真值"。实际测量中,常把用高一等级的计量标准测得的实际值作为当前的真值使用。③用"不确定度"来评定测量结果,这里存在不同的误差。

4.1.2 误差的基本分类

测量是必然存在误差的,通常按性质分类,误差有以下三种:①系统误差,是指测量数据按一定规律变化的误差;②随机误差,即以不可预定方式变化的误差(如随机变量);③粗大误差,是指在测量过程中显著偏离实际值的误差。下面分别简要介绍这三种误差的标准定义及表示方法。

(1) 系统误差。在重复性条件下,对同一被测量进行无限多次测量所得结果的平均值与被测量的真值之差,称为系统误差。用 ε 表示系统误差,即当真值是 A_0 时,系统误差

$$\varepsilon = \overline{x_\infty} - A_0$$

其中,$\overline{x_\infty} = \dfrac{x_1 + x_2 + \cdots + x_n}{n} = \dfrac{1}{n}\sum_{i=1}^{n} x_i (n \to \infty)$,即无限多次测量结果的平均值(概

率论中的数学期望),这里简称为总体均值。

(2)随机误差。测量结果与在重复性条件下,对同一被测量进行无限多次测量所得结果的平均值之差,称为随机误差,简称"随差"。用 δ 表示随机误差,见下式

$$\delta_i = x_i - \overline{x_\infty}$$

该式表示在重复性条件下(指在测量环境、测量人员、测量技术和测量仪器相同的条件下),每次测量的误差的绝对值和符号以不可预知的方式变化,故称为随机误差。

(3)粗大误差。在一定条件下,测量值显著偏离其真值(或约定真值)所对应的误差,称为粗大误差。粗大误差产生的原因主要有读数错误、测量方法不对、瞬间干扰、仪器工作不正常等。很显然,对粗大误差的处理通常是按一定的法则进行剔除,不能让粗大误差数据影响测量的准确度。

4.1.3 误差的表示方法

(1)绝对误差。绝对误差是被测量的测量值 x 与其真值 A_0 之差,绝对误差是有大小、正负和单位的。

$$\Delta x = x - A_0$$

在实际测量中用"约定真值"≈"实际值",约定真值用 A 表示,这样绝对误差即 $\Delta x = x - A$。绝对误差的修正值是与绝对误差大小相等、符号相反的量,一般用 C 表示,即

$$C = -\Delta x = A - x$$

绝对误差的表示方法过于单一,往往不能准确反映测量的准确度。例如,用两只电压表 V_1 和 V_2 分别测量两个电压值,用 V_1 表测量 150 V,绝对误差 $\Delta x_1 = 1.5$ V,而用 V_2 表测量 10 V,绝对误差 $\Delta x_2 = 0.5$ V。从绝对误差来比较 $\Delta x_1 > \Delta x_2$。直观地看,电压表 V_1 比电压表 V_2 的误差大,但谁更准确呢?从下面相对误差的计算结果来看,答案反而是电压表 V_1 比电压表 V_2 的相对误差小,精度更高,这与测量的全部范围有关。电压表 V_1 和 V_2 的相对误差分别为

$$\gamma_1 = \frac{\Delta x_1}{U_1} \times 100\% = \frac{\pm 1.5}{150} \times 100\% = \pm 1\%$$

$$\gamma_2 = \frac{\Delta x_2}{U_2} \times 100\% = \frac{\pm 0.5}{10} \times 100\% = \pm 5\%$$

(2)相对误差。由于用相对误差反映误差更客观,因此工程上主要使用相对误差。相对误差有多种形式,都是以分母取值不同而定义为相应的相对误差,包括真值相对误差、实际值相对误差、测量值(示值)相对误差、满度(或引用)相对误差等,表达式分别如下

$$\gamma = \frac{\Delta x}{A_0} \times 100\% \quad A_0 \text{ 为真值的真值相对误差}$$

$$\gamma = \frac{\Delta x}{A} \times 100\% \quad A \text{ 为实际值的实际值相对误差}$$

$$\gamma_x = \frac{\Delta x}{x} \times 100\% \quad x \text{ 为测量值的测量值(示值)相对误差}$$

$$\gamma_m = \frac{\Delta x}{x_m} \times 100\% = S\% \quad x_m \text{ 为满刻度值的满度(或引用)相对误差}$$

还有分贝值相对误差,用于度量电压、电流和功率等电参数,用以下公式表示。功率等参数用 dB 表示的相对误差为

$$\gamma_{\text{dB}} = 10\lg\left(1 + \frac{\Delta x}{x}\right) (\text{dB})$$

电压、电流等参数用 dB 表示的相对误差为

$$\gamma_{\text{dB}} = 20\lg\left(1 + \frac{\Delta x}{x}\right) = 20\lg(1 + \gamma_x) (\text{dB})$$

4.2 随机误差、系统误差和粗大误差的特性

4.2.1 误差的定性特点

通常将随机误差、系统误差和粗大误差等三种误差的关系表示为 $\Delta x = \varepsilon + \delta +$ 粗大误差,下面将三种误差定性的概念同时用数据分布和对应区域分布显示出来,对比后三者的特点就一目了然了。

如图 4-2-1 所示,系统误差 ε 小,误差分布随机性大且均匀,说明准确度较高。

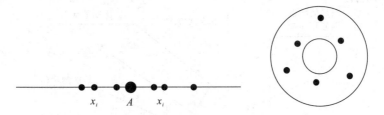

图 4-2-1 系统误差小、随机误差大的数据误差分布图

如图 4-2-2 所示,随机误差 δ 小,误差分布集中,存在明显的系统误差,但精密度较高。

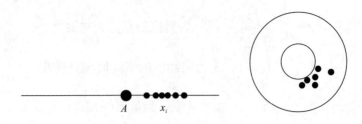

图 4-2-2 系统误差大、随机误差小的数据误差分布图

如图 4-2-3 所示,系统误差和随机误差都较小,说明这批数据精确度高。

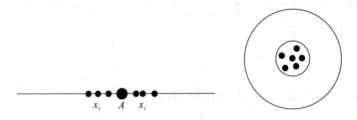

图 4-2-3 系统误差小、随机误差小的数据误差分布图

4.2.2 误差的量化表示和关系

误差定量的概念可以表示为随机误差和系统误差相加的关系,见下式推导。

$$\begin{aligned}
\Delta x &= x_i - A_0 \\
&= x_i - \overline{x_\infty} + \overline{x_\infty} - A_0 \\
&= [x_i - \overline{x_\infty}] + [\overline{x_\infty} - A_0] \\
&= \delta_i + \varepsilon
\end{aligned}$$

一般测量参数在没有特定函数关系时,误差的分布可以用正态分布图表示,如图 4-2-4 所示。

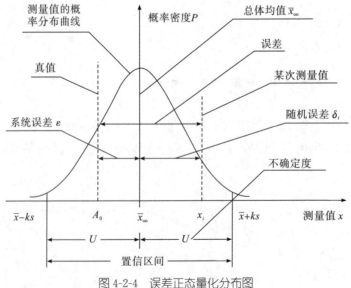

图 4-2-4 误差正态量化分布图

4.2.3 随机误差的基本特性

例如,对某电阻进行 100 次重复性测量,按测量值大小排列,结果见表4-2-1。

表 4-2-1　重复性测量 100 次数据分布表

测量值 $x_i(\Omega)$	相同测量值出现的次数 m_i	相同测量值出现的概率 $P_i = m_i/n$
9.95	2	0.02
9.96	4	0.04
9.97	6	0.06
9.98	14	0.14
9.99	18	0.18
10.00	22	0.22
10.01	16	0.16
10.02	10	0.10
10.03	5	0.05
10.04	2	0.02
10.05	1	0.01

将表 4-2-1 中数据整理后画图,如图 4-2-5 所示,可见测量数据误差完全符合正态分布。

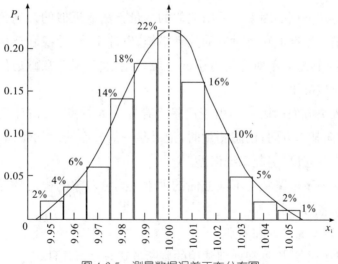

图 4-2-5　测量数据误差正态分布图

从图 4-2-5 中可以看出,测量数据符合随机误差性质,且服从正态分布,具有以下 4 个特性:①对称性:绝对值相等的正误差与负误差出现的次数相等;②单峰性:绝对值小的误差比绝对值大的误差出现次数多;③有界性:绝对值很大的误差出现的机会极小,不会超出一定的界限;④抵偿性:当测量次数趋于无穷大时,随机误差的平均值将趋于零。服从正态分布的数据处理将在后面 4.3 节详细介绍。

4.2.4 系统误差的基本特征和处理方法

系统误差(简称"系差")有恒定系统误差和变值系统误差两种,其中恒定系统误差是指多次测量同一量值时,绝对值和符号保持不变的误差;而变值系统误差是指条件改变时,按一定的规律变化的误差。下面就系统误差产生的原因、判别以及削弱它的方法作简要介绍。

(1)系统误差产生的原因。系统误差是由固定不变的或按确定规律变化的因素造成的,这些误差因素是可以掌握的。主要误差因素有以下几个方面,基本上与第1章介绍的与测量相关的五个因素相对应。

① 仪器系统方面的因素。高校实验室中,最常见的原因是仪器长期没有校准;仪器机构设计原理上存在缺点,如指针式仪表零点未正确调整;仪器零件制造和安装不正确,如标尺的刻度偏差、刻度盘和指针的安装偏心、仪器各导轨的误差和配件偏差及损坏等。

② 测量环境方面的因素。在实验室测量时,环境温度、湿度等按一定规律变化,可产生系统误差。实验室里仪器设备众多,工作环境复杂,各种变频设备电磁辐射干扰增加,而实验室高频实验台普遍缺乏屏蔽措施,必定产生各种意想不到的噪声干扰。

③ 原理方法方面的因素。采用近似的测量方法或近似的计算公式等可引起系统误差。信号复杂但缺乏对应的处理措施、电源不稳、导线和连接装置接触不良、地线未接或接地点不对等均可引起系统误差,这类误差在做通信(高频)电子线路实验时比较突出。

④ 测量人员方面的因素。由于测量者存在个人特点,在估计刻度上的读数时,习惯于偏向某一方向;动态测量时,记录某一信号有滞后的倾向;数据记录和处理习惯不佳等,都可引起系统误差。

⑤ 测量对象及电路状态不同方面的因素。测量对象的稳定性等一系列问题可给测量带来各种误差。

(2)系统误差的检查和判别。

① 恒定系统误差检查和处理常用的判断方法有以下几种。

a. 不断调整和改变测量条件,这里的测量条件指测量人员、测量方法和测量环境等条件。在某一测量条件下,有许多恒定系统误差为一确定不变值,若改变了测量条件,就会出现另一个确定的恒定系统误差,如对仪表零点的调整。

b. 涉及理论分析计算方面的问题,即凡属于由测量方法或测量原理引入的恒定系统误差,只要对测量方法和测量原理进行定量分析,就可以算出恒定系统误差的大小,如不断进行对比和校准。

c. 用高档仪器进行比对和校准,即用高档仪器定期计量检查,可以确定恒定系统误差是否存在,如用示波器校验后,可知其误差是偏大还是偏小。用校准后的修正值(数值、曲线、公式或表格)来检查和消除恒定系统误差。一些高校实验室的仪器设备在购买后缺乏必要的计量和校准程序,这方面要特别引起重视。

d. 通过数据统计法处理排除随机误差后,通常剩下的即为系统恒差。

② 变值系统误差的判定可以通过图 4-2-6 所示举例进行说明,常用的有以下判据方法。

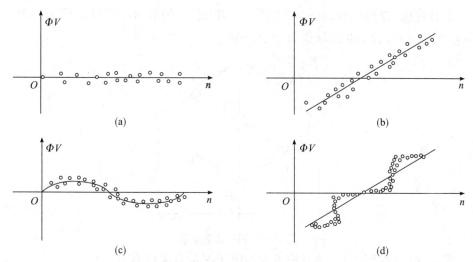

图 4-2-6 不同变值系统误差示意图

a. 剩余误差观察法。图 4-2-6(a) 中,剩余误差大体上正负相抵,且无显著变化规律,可认为不存在系统误差。图 4-2-6(b) 中,剩余误差有规律地递增或递减,且测量开始与结束时的误差符号相反,则存在线性系统误差。图 4-2-6(c) 中,变值系统误差中的剩余误差符号有规律地由正变负,再由负变正,且循环交替重复变化,则存在周期性系统误差。图 4-2-6(d) 中,显然同时存在线性系统误差和周期性系统误差。若测量列中含有不变的系统误差,用剩余误差观察法则发现不了。

b. 还有累进性系统误差的判别(马利科夫判据)和周期性系统误差的判别(阿贝-赫梅特判据)等,需要了解这方面知识的可以查阅相关资料,此处不再赘述。

(3) 削弱系统误差的典型技术。消除或减弱系统误差应从根源上着手,在实验过程中可以通过下列方法进行消除。

① 零示法,如图 4-2-7 所示。当检流计中 $I=0$ 时

$$U_x = U = E \times \frac{R_2}{R_1 + R_2}$$

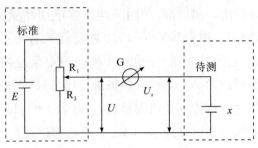

图 4-2-7　零示法测电压

②替代法(置换法),如图 4-2-8 所示。步骤一,调节 R_3,使 G 示值为 0,R_3 不动;步骤二,调节 R_s,使 G 示值为 0,$R_x = R_s$。

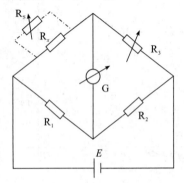

图 4-2-8　替代法测电阻

③交换法(对照法)。该方法可参阅电子测量有关的教材。

④微差法,如图 4-2-9 所示。采用微差法测量时,测量误差主要由标准量的误差决定,而测试仪表误差所产生的影响被大大削弱。本例说明用微差法时,即使用误差为 5% 的电压表进行测量,仍然可得 0.2% 的测量精确度。

条件:当待测量与标准量接近,$B \approx x,B \gg A$ 时,即可计算被测电池的电压值。

$$x = B + A = 9 + 0.1 = 9.1(V)$$

测量误差可由下式求得

$$\frac{\Delta x}{x} = \frac{\Delta B}{B} + \frac{\Delta A}{A} \times \frac{A}{B} = 0.2\% + 5\% \times (0.1/9) \approx 0.2\% + 0.05\% \approx 0.2\%$$

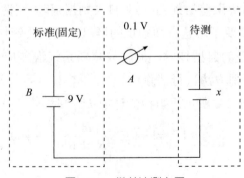

图 4-2-9　微差法测电压

应当指出,在现代智能仪器中,可以利用微处理器的计算控制功能削弱或消除仪器的系统误差。利用微处理器削弱系统误差的方法有很多,如直流零位校准、自动校准、相对测量等,可参阅有关的资料。削弱或消除测量中的系统误差贯穿于测量的整个过程,必须时刻注意,发现了系统误差就要采取相应的对策,否则测量数据就会因出现偏差而失去意义。

4.2.5 粗大误差的产生和剔除方法

(1)粗大误差产生的原因。粗大误差是在一定条件下,测量值显著偏离其实际值所对应的误差。粗大误差产生的原因主要有读数错误、测量方法错误、仪器有缺陷、电磁干扰及电压跳动等。粗大误差无规律可循,必须当作坏值予以剔除,这是实验时必须重视的。

(2)剔除粗大误差的方法。剔除粗大误差要有一定的依据,在不明原因的情况下,首先要判断可疑数据是否为粗大误差。判断的方法是通过给定一个置信概率,确定相应的置信区间,凡超出置信区间的误差就可以认为是粗大误差。工程上常见的具体检验方法有三种。

①莱特检验法($n>200$)。首先检测测量数据的残差,如残差过大,按照实验标准差(贝塞尔)公式

$$s(x) = \sqrt{\frac{1}{n-1}\sum_{i=1}^{n}(x_i-\bar{x})^2}$$

进行计算。当$|v_i|>3s(x)$时,该v_i就是粗大误差,需要剔除,再重新计算。

一般莱特检验法测量的次数$n>200$,实际应用见下文"(3)粗大误差检查应用举例"。

②格拉布斯检验法。该方法可参阅电子测量相关的教材。

③中位数检验法。大量统计表明,当数据列中没有粗大误差时,中位数可以等效为其平均值。

例:当一组数为991、996、999、1001、1004、1008、1011、1014、1019时,它的平均值$=\dfrac{991+996+999+1001+1004+1008+1011+1014+1019}{9}=1004.8$,它的中位数为1004。

该例证明了中位数检验法的有效性,当然,前提条件是测量数据必须符合正态分布,且没有粗大误差。若有粗大误差,中位数检验法是无效的。

(3)粗大误差检查应用举例。

例:对某温度进行多次等精度测量,将所得结果列于表4-2-2中,试检查数据中有无粗大误差。

表 4-2-2　某温度传感器的 15 次等精度测量数据

序号	测得值 x_i	残差 v_i	序号	测得值 x_i	残差 v_i	序号	测得值 x_i	残差 v_i
1	20.42 ℃	+0.016 ℃	6	20.43 ℃	−0.026 ℃	11	20.42 ℃	+0.016 ℃
2	20.43 ℃	+0.026 ℃	7	20.39 ℃	−0.014 ℃	12	20.41 ℃	+0.006 ℃
3	20.40 ℃	−0.004 ℃	8	20.30 ℃	−0.104 ℃	13	20.39 ℃	−0.014 ℃
4	20.43 ℃	+0.026 ℃	9	20.40 ℃	−0.004 ℃	14	20.39 ℃	−0.014 ℃
5	20.42 ℃	+0.016 ℃	10	20.43 ℃	+0.026 ℃	15	20.40 ℃	−0.004 ℃

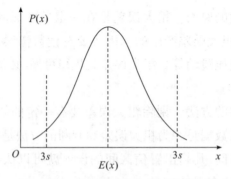

图 4-2-10　用莱特检验法判断粗大误差

莱特检验法是工程上检验粗大误差的常用方法，从图 4-2-10 中可见其判断区域。当用莱特检验法时，从表 4-2-2 中可以看出，$x_8=20.30$ ℃ 的残差较大，是个可疑数据，它的残差 $v_i=0.104$ ℃，此时测量数据对应的算术平均值 $\bar{x}=20.404$。

根据实验标准差（贝塞尔）公式计算有限次测量数据的标准差 $s(x)=0.033$，则 $3s(x)=0.033\times3=0.099$，因为 $|v_8|=0.104$，所以 $|v_8|=0.104>3s(x)=0.099$。故可判断 x_8 是异常数据，应予以剔除，然后对剔除后的数据进行重新计算。新的算术平均值 $x'=20.411$，对应的标准差 $s(x')=0.016$，则 $3s(x')=0.048$。再观察一下表 4-2-2 中其余 14 个数据，这些数据的 $|v_i|$ 均小于 $3s(x')$，故这 14 个数据均为正常数据，此时没有粗大误差了，可以用于后续数据处理程序。关于实验标准差（贝塞尔）公式的详细介绍，可参见第 4.3 节随机误差的统计处理方法。

（4）检测粗大误差时的注意事项。

①在处理粗大误差时要注意，所有的检验法都是人为主观拟定的，至今尚未有统一的规定，这些检验法又都是以正态分布为前提的，当测量值偏离正态分布时，检验的可靠性将受到影响，特别是当测量次数较少时，结果可能不可靠。

②若有多个可疑数据同时超过检验所设定的置信区间，应逐个剔除，然后重新计算，不能人为估计，重新计算可能比较烦琐，但是必须进行，否则就会功亏一篑。

③在一组测量数据中，可疑数据应极少，否则说明其系统工作不正常。要对

异常数据的出现进行分析并找出异常的原因,不要轻易舍去异常数据而放过发现问题的机会。

④上述三种检验法中,莱特检验法是以正态分布为依据的,测量值数据的次数 $n>200$,若 $n<10$,则会因数据太少而失效;格拉布斯检验法理论严密,概率意义明确,实验证明其检验效果较好;中位数检验法简洁、方便,也能满足一般实验的要求。

粗大误差的处理是在随机误差处理的基础上进行的,也是在随机误差处理过程中必须经历的,下文将重点讨论和解决随机误差的问题,提出数据处理的基本步骤。

4.3 随机误差的统计处理方法

工程上测量的数据均为有限值,因此使用有限次测量值的算术平均值和标准差来分析和计算随机误差的大小是可行的。基本步骤如下:对同一量值作一系列等精度独立测量,计算有限次测量值的算术平均值,理论上测量数列中的全部测量值的算术平均值与被测量的真值最为接近。

设被测量的真值为 μ,其等精度测量值为 $x_1,x_2,\cdots,x_n$,则其算术平均值为

$$\bar{x} = \frac{1}{n}(x_1 + x_2 + \cdots + x_n) = \frac{1}{n}\sum_{i=1}^{n} x_i$$

由于 $\bar{x}$ 的数学期望为 μ,故算术平均值就是真值 μ 的无偏估计值。可以确定的是,在实际测量中,通常以算术平均值代替真值,利用实验标准差(贝塞尔)公式计算有限次测量数据的标准差为

$$s(x) = \sqrt{\frac{1}{n-1}\sum_{i=1}^{n}(x_i - \bar{x})^2}$$

故 $s(x)$ 被称为标准差的估计值,也称实验标准差。

然后计算平均值的标准差,在有限次等精度测量中,若在相同条件下对同一量值分 m 组进行测量,每组重复 n 次,则每组数列都会有一个平均值。由于随机误差的存在,这些平均值并不相同,围绕真值有一定分散性,这说明有限次测量的算术平均值还存在着误差。当需要更精密的计算时,应该用算术平均值的标准差,这样就获得了主要的数据,在此基础上就可以进行数据处理。

$$s(\bar{x}) = \frac{s(x)}{\sqrt{n}}$$

为便于记忆和应用,下面归纳一下有限次测量值的算术平均值和标准差计算步骤:

①列出测量值的数据表。

②计算测量值的算术平均值。

$$\bar{x} = \frac{x_1 + x_2 + \cdots + x_n}{n} = \frac{1}{n}\sum_{i=1}^{n} x_i$$

③计算测量值的残差。

$$v_i = x_i - \bar{x}$$

④利用实验标准差(贝塞尔)公式计算标准差的估计值。

$$s(x) = \sqrt{\frac{1}{n-1}\sum_{i=1}^{n} v_i^2} = \sqrt{\frac{1}{n-1}\sum_{i=1}^{n}(x_i - \bar{x})^2}$$

⑤计算算术平均值标准差的估计值。

$$s(\bar{x}) = \frac{s(x)}{\sqrt{n}}$$

考虑到测量过程中还有出现系统误差和粗大误差的可能,详细的数据处理过程即每次实验测量数据的处理可以按照第 4.4 节实验测量数据处理方法中的步骤执行。

4.4 实验测量数据处理方法

对重复性测量结果的数据进行处理是工程上常见的需求,从一组测量数据中获得最终需要的准确结果是最重要的。在前面大量误差分析基础上提出方便操作的步骤,严格按照步骤执行,就可以得到正确的数据结果和偏差范围。

4.4.1 数据处理的基本步骤

当需要对某测量对象进行重复性测量时,测量值中可能含有系统误差、随机误差和粗大误差,为了给出正确、合理的结果,应按下述基本步骤对测得的数据进行处理。

①对测量值进行修正,列出测量值 x_i 的数据表和趋势图。

②判断有无系统误差,如有系统误差,应查明原因,修正或消除系统误差后重新测量。

③计算算术平均值。

$$\bar{x} = \frac{1}{n}\sum_{i=1}^{n} x_i$$

④计算并列出残差。

$$v_i = x_i - \bar{x}$$

⑤按实验标准差(贝塞尔)公式计算标准差的估计值。

$$s(x)=\sqrt{\frac{1}{n-1}\sum_{i=1}^{n}v_i^2}$$

⑥按莱特检验法$|v_i|>3s(x)$检查和剔除粗大误差。若有粗大误差,应逐一剔除后重新计算$\bar{x}$和s,再判别每一个数据,直到无粗大误差。

⑦计算算术平均值标准差的估计值。

$$s(\bar{x})=\frac{s(x)}{\sqrt{n}}$$

⑧写出最后结果的表达式,即

$$A=\bar{x}+ks(\bar{x})$$

式中,k为包含因子。

下面将通过实际应用举例,体会从测量数据得到标准值和对应误差的过程。

4.4.2 实际步骤和处理顺序举例

试验中对某点电压进行 16 次等精度测量,测量数据 x_i 中已记入修正值,列于表 4-4-1 中。最终要求给出包括误差在内的测量结果表达式。按照前面介绍的方法,按顺序列出步骤如下。

①列出测量值 x_i 的数据表,计算每个测量值对应的残差并列入表格中,见表 4-4-1。

表 4-4-1 某电压的 16 次测量值和对应残差值

序号	测量值 x_i(V)	残差 v_i	残差 v_i'	序号	测量值 x_i(V)	残差 v_i	残差 v_i'
1	205.30	0.00	+0.09	9	205.71	+0.41	+0.50
2	204.94	−0.36	−0.27	10	204.70	−0.60	−0.51
3	205.63	+0.33	+0.42	11	204.86	−0.44	−0.35
4	205.24	−0.06	+0.03	12	205.35	+0.05	+0.14
5	206.65	+1.35	—	13	205.21	−0.09	0.00
6	204.97	−0.33	−0.24	14	205.19	−0.11	−0.02
7	205.36	+0.06	+0.15	15	205.21	−0.09	0.00
8	205.16	−0.14	−0.05	16	205.32	+0.02	+0.11

上述表格数据要统一单位和小数点后位数,计算过程中必须按同一方式近似,避免无形中增加数据的新偏差。

②根据上表数据值画出数据分布图或残差图,检查有没有系统误差。

从图 4-4-1 中可见,本组数据无明显累进性或周期性系统误差。

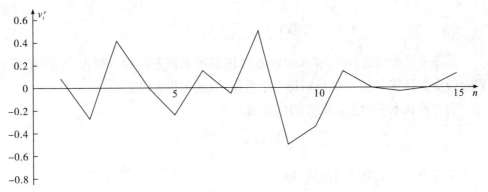

图 4-4-1　根据数据或对应残差值列出数轴分布图

③求出算术平均值。

$$\bar{x}=\frac{1}{16}\sum_{i=1}^{16}x_i=205.30$$

④计算残差 $v_i=x_i-\bar{x}$ 并列于表中，并验证 $\sum\limits_{i=1}^{n}v_i=0$。

⑤计算标准差的估计值。

$$s=\sqrt{\frac{1}{16-1}\sum_{i=1}^{16}v_i^2}=0.4434$$

⑥按莱特检验法判断有无 $|v_i|>3s=1.3302$ 的数据，查表发现第 5 个数据 $v_5=1.35>3s$，应将数据表格中对应的 $x_5=206.65$ 视为粗大误差并加以剔除，然后重新计算。

⑦重新计算剩余 15 个数据的平均值 $\overline{x_i'}=205.21$，计算 $v_i'=x_i-\overline{x'}$，列于表中，并验证 $\sum\limits_{i=1}^{n}v_i'=0$。

⑧重新计算标准差的估计值。

$$s'=\sqrt{\frac{1}{15-1}\sum_{i=1}^{15}v_i'^2}=0.27$$

⑨按莱特检验法判断有无 $|v_i'|>3s'=0.81$ 的数据，确认各个 v_i' 均小于 $3s'$，则可以认为剩余 15 个数据中不再含有粗大误差，数据处理正确。

⑩计算算术平均值标准差的估计值。

$$s(\bar{x})=\frac{s'}{\sqrt{15}}=\frac{0.27}{\sqrt{15}}\approx 0.07$$

现在可以写出测量结果表达式

$$A=\bar{x}\pm ks(\bar{x})=205.21\pm 0.21$$

这里 $k=3$。k 是什么值？这里为什么 k 值要取 3？取 2 或 1 会如何？下面将从置信度角度简述 k 的定义。

4.4.3 测量结果的置信度

(1)置信度与置信区间。置信度又称置信概率和置信水平,是用来描述测量结果处于某一范围内可靠程度的量,一般用百分数表示。置信区间即所选择可靠程度的这个范围,一般用标准差的倍数表示,如$\pm k\sigma(x)$,如图4-4-2所示。

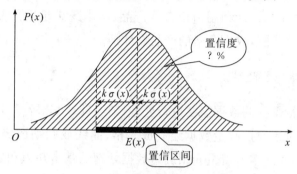

图 4-4-2 置信度与置信区间的关系图

要想知道给定$k=2$的标准差$\pm 2\sigma(x)$范围内数据的置信度是多少,必须先知道测量值的分布,然后才能讨论置信度问题。下面讨论正态分布情况下的置信度。

(2)正态分布下的置信度。从图4-4-3中可见,当k值不同时,$P(\delta)=\pm k\sigma(x)$的置信度也不同。当$k=1$时,对应置信度$P(\delta)=0.683$;当$k=2$时,对应置信度$P(\delta)=0.954$;当$k=3$时,对应置信度$P(\delta)=0.997$。

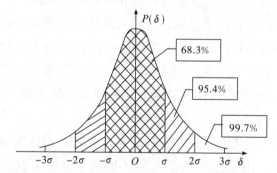

图 4-4-3 正态分布下不同置信区间出现的概率示意图

这里可以看到,当$k=3$时,即在3倍标准差($\pm 3\sigma$)区间内,随机误差出现的区间概率为99.7%,而在这个区间外的概率非常小。例如,若产品指标满足$k=3$,则测量值出现的区间概率为99.7%,即产品指标合格部分预期可以达99.7%,而不合格部分只有0.3%。上述过程就是通过误差分析排除粗大误差,消除系统误差,通过计算随机误差得到最终误差范围,从测量数据到计算误差大小,确定该指标的实际真实参数。每一位参加实验的操作者都必须掌握测量顺序和具体计算步骤,这对今后的学习和工作至关重要。

我们知道，电子产品设计师在完成产品设计时，最终提交的设计文件中，所有的指标和参数均需提供具体数值和可能的误差范围。后面的工艺工程师结合设计文件，在指定生产制造工艺文件上要根据材料、工艺条件、制造设备等情况，通过草样机、正样机和小批量试产来确定指标参数的置信度和误差范围。因此，要求学生必须从实验室开始养成良好的工程习惯，认真对待实验中的每一个参数和每一组数据，将来才能设计和制造出合格产品，给出既满足用户要求又符合公司标准的数据和误差范围，成为合格的产品设计师。

4.4.4 测量数据处理

经过实际测量得到的数据需要进行处理，即经计算、分析、整理后得出所需要的数据结果。有时还要把测量数据绘制成表格、曲线或归纳成经验公式，以便得出正确、直观的结果。本节着重介绍测量数据处理的基本知识和通行方法。

4.4.4.1 测量数据的表示方法

测量数据的表示方法有表格、曲线图形和经验公式（涉及有效数字、测量值和不确定度）三种。下面简要介绍曲线图形和经验公式的表示方法。

(1)测量结果的曲线图形表示。把测量结果绘成曲线，可以直观、形象地表示数据的变化规律，如三极管的输出特性曲线、放大器的幅频特性曲线等。但由于测量结果中存在误差，数据有一定的离散性，难以作出一条光滑连续的曲线，因此需要采用一些专门的方法。这里主要介绍分组平均作图法。

①作图要点。首先要选好坐标。一般宜选用直角坐标，有时要用极坐标，如果自变量的范围很宽，还可以选用对数坐标。坐标的比例可以根据需要确定，横坐标和纵坐标的单位可以不同，作曲线图时建议使用坐标纸。作图时注意坐标的幅面以及数据点的标注方式，曲线急剧变化的地方测量数据应多取一些，同时要注意曲线的修匀。

②用分组平均法修匀曲线。将各数据点连成光滑曲线的过程称为曲线的修匀，如图 4-4-4 所示。由于存在测量误差，不同的人员所作的曲线可能差异较大。为了提高作图的精度，可用分组平均法进行曲线修匀。方法是将相邻的 2～4 个数据分为一组，然后估计出各组的几何重心，再用光滑的曲线将重心点连接起来。这种方法减少了随机误差的影响，使曲线较为符合实际。

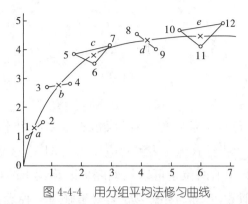

图 4-4-4　用分组平均法修匀曲线

(2) 经验公式的确定。在实际应用中,经验公式也称回归方程,是在实验测量的基础上归纳出来的,可在一定的条件下使用。这种经验公式以数学表达式的方式客观地反映事物的内在规律性,形式紧凑,且便于从理论上作一步分析和研究,对认识自然界量与量之间的关系有着重要意义,下面简要介绍。

① 最小二乘法。最小二乘法原理指出,在具有同一精度的测量值中,最佳值就是能使各测量值残差 $v=x_i-\bar{x}$ 的平方和为最小的那个值,即使 $\sum_{i=1}^{n}v_i^2$ 最小,或者说测量结果的最可信赖值应在残差平方和为最小的条件下求出。

② 回归分析法。回归分析法是处理多个变量之间相互关系的一种常用的数理统计方法。回归分析法有两个方面的任务:一是根据测量数据确定函数形式,即回归方程的类型;二是确定方程中的参数。回归方程的类型通常需要结合专业知识和实际情况来确定。电子测量中经常用到单变量的线性回归(如 $y=bx+a$),这里仅举一元线性回归的例子,即处理两个变量 x 和 y 之间的线性关系,这也是工程上和科研中常遇到的直线拟合问题。例如,温度、湿度、压力等传感器的输出电压与温度、湿度、压力之间就有直线方程 $y=bx+a$ 的关系。上述不同方法都可以确保经验公式的准确性和有效性。

4.4.4.2　有效数字的处理

有效数字是指在测量数值中,从最左边一位非零数字起,到含有误差的那位存疑数为止的所有数字。这里通过指针式电压表读数的例子来说明存疑数的含义。从图 4-4-5 中可以看到,指针式电压表测得 $U=5.64$ V 有三位有效数字,但第三位的"4"是存疑的,是否有可能是"3"或"5"呢? 每个人读出来的结果可能不同。用万用表读的电阻值 0.0038 kΩ$=3.8$ Ω 有两位有效数字。

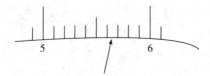

图 4-4-5　指针式电压表读数示意图

上面例子中最末位有效数字称为存疑数,它主要取决于仪表所能达到的精度。例如,用 10 V 量程指针式电压表测得电压为 5.64 V,这是由三位有效数字组成的数据,这个三位数中前两位是可以从刻度上准确读出的,而最后一位是估读的,是含有误差的近似数,常称为存疑数。存疑数还有一种含义,它可能发生末位半个单位(±0.5 个单位)的变化。例如,5.64±0.005 可以是 5.635 或 5.645,因此这里提出数字处理的几个注意点,否则会在不经意间造成偏差。

(1)有效数字与准确度的关系。有效数字位数选择的不同会带来准确度的不同,其误差就有差别,见表 4-4-2。

表 4-4-2　有效数字与准确度的对应关系

有效数字	对应误差	准确到数据位
18.4 kΩ	±0.1 kΩ	100 Ω
18.40 kΩ	±0.01 kΩ	10 Ω
18.400 kΩ	±0.001 kΩ	1 Ω

(2)有效数字位数的取得可以与不确定度一致,这里举例说明。如果电压表的不确定度为±0.01 V,数据为 2.186 V、2.18 V、2.1 V,显然 2.18 V 的写法是正确的。

(3)误差的单位量级应与测量数据相对应和配合,这里举例说明。当频率误差为±1 kHz 时,数据 7900 kHz、7.900 MHz、7900000 Hz 和 7.9 MHz 中,7900 kHz 和 7.900 MHz 的写法是正确的。

4.4.4.3　数字的舍入(修约)规则

以前普遍采用的经典的"四舍五入"规则在精密测量中有不足之处,其中"五入"可能带来一定的误差,因为未能使尾数为偶数,不便于除尽。工程测量中普遍采用"四舍六入五凑偶"法则,希望今后同学们都能掌握该方法处理数据,减少误差,提高测量精度。具体法则如下:①数字小于 5 则舍,大于 5 则入。②数字等于 5 取偶,5 后有数,舍 5 入 1,如 3.62456→3.625。③数字等于 5 取偶,5 后无数或为零时,5 前是奇数,则舍 5 入 1,如 17.995→18.00。④数字等于 5 取偶,5 后无数或为零时,5 前是偶数,舍 5 不进,如 14.9850→14.98。

为了能很快熟悉数字的舍入(修约)规则,可以通过表 4-4-3 数据进行实例练习,快速掌握其规律。

表 4-4-3　实际数据舍入(修约)的对应表(取 4 位)

原有数据	3.14159	2.71729	4.51050	3.21550	6.378501	7.691499	5.43460
舍入后数据	3.142	2.717	4.510	3.216	6.379	7.691	5.435

本章小结

本章首先介绍了误差的一些基本概念,让同学们认识到所有的测量必定有误差,误差产生的原因和形式是各式各样的,同时介绍了误差来源、误差的种类、对应特征及其表示方法;重点分析了随机误差、系统误差和粗大误差三大误差的特性,在此基础上提出系统误差的基本特征和处理方法,又分析了粗大误差的产生原因和剔除方法,最后提出重要的随机误差的统计处理方法。在剔除粗大误差、消除或削弱系统误差及正确的随机误差分析计算的基础上,为学生提供了实验数据测量和处理的具体步骤、处理顺序和得到正确结论的方法。

每次实验和测量都面临数据采集和处理的问题,有些学生由于实验原理还没了解清楚、仪器设备使用操作不当、对实验要求理解不完整、实验目标不明确等,实验数据虽然已经采集到,但对是否正确不明就里,更谈不上后面的细心处理。本章除了安排对误差处理步骤的讲解外,还通过实例进一步提供指导,相信通过这样的完整过程,可以让学生掌握实际实验数据的处理技巧,得到有用的数据。

第 5 章 通信电子线路基本实验

5.1 高频小信号调谐放大器实验

【实验目的】

(1) 掌握高频小信号谐振放大器的电路组成与基本工作原理。

(2) 熟悉谐振回路的调谐及测试方法,根据实验室具体条件练习频谱法、点频法和扫频法(测试平台和波形参见附录图1至图6)。

(3) 掌握高频谐振放大器处于谐振时各项主要技术指标的意义及测试技能。

【实验内容】

(1) 谐振频率的调整与测定。

(2) 主要技术性能指标的测定,包括谐振频率、谐振放大增益 A_V 及动态范围、通频带 $BW_{0.7}$ 和矩形系数 $K_{r0.1}$。

【实验仪器和电路板卡】

(1) 双路信号源或信号电路板　　　　　　1台(块)
(2) 双踪示波器　　　　　　　　　　　　1台
(3) 万用表　　　　　　　　　　　　　　1个
(4) 扫频仪(可选)　　　　　　　　　　　1台
(5) 小信号谐振放大电路模块　　　　　　1块
(6) 频率计或频率计电路模块　　　　　　1台(块)

【实验原理】

(1) 单调谐小信号放大器。谐振小信号放大器是接收机的前端电路,主要用于高频小信号或微弱信号的线性放大。实验单元电路由晶体管 N_1、变压器 T_1、电容 C_1 等组成,不仅可以对高频小信号进行放大,还具有选频功能。本实验中单调谐小信号放大器的谐振频率为 $f_s=10.7$ MHz。单调谐小信号放大电路如图5-1-1所示。

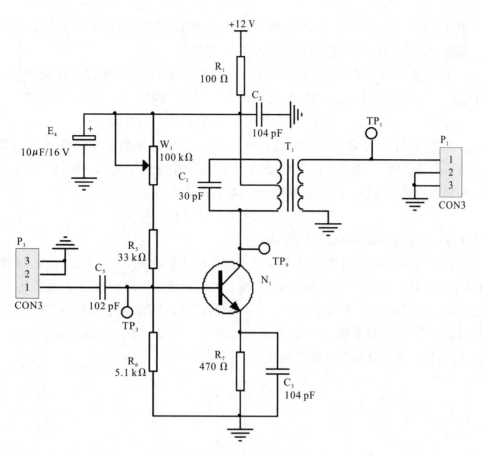

图 5-1-1 单调谐小信号放大电路图

单调谐小信号放大器的各项性能指标及测量方法如下。

①谐振频率。放大器的调谐回路谐振时所对应的频率 f_0 称为放大器的谐振频率,对于图 5-1-1 所示的电路(也是以下各项指标所对应的电路),f_0 的表达式为

$$f_0 = \frac{1}{2\pi\sqrt{LC_\Sigma}}$$

式中,L 为调谐回路电感线圈的电感量;C_Σ 为调谐回路的总电容,C_Σ 的表达式为

$$C_\Sigma = C + P_1^2 C_{oe} + P_2^2 C_{ie}$$

式中,C_{oe} 为晶体管的输出电容,C_{ie} 为晶体管的输入电容,P_1 为初级线圈抽头系数,P_2 为次级线圈抽头系数。

谐振频率 f_0 的测量方法是用扫频仪作为测量仪器,测出电路的幅频特性曲线,调节变压器 T 的磁芯,使电压谐振曲线的峰值出现在规定的谐振频率点 f_0 处。

②电压增益。放大器的谐振回路谐振时所对应的电压增益 A_{V_o} 称为调谐放大器的电压增益,A_{V_o} 的表达式为

$$A_{V_o} = \left|\frac{V_o}{V_i}\right|$$

式中，V_o、V_i分别为输出信号电压、输入信号电压的有效值，实际中为了方便，使用示波器测量波形的峰-峰值，不影响增益的计算结果。

A_{V_o}的测量方法是在谐振回路已处于谐振状态时，用高频电压表测量图5-1-1中输出信号电压V_o及输入信号电压V_i的大小，则电压增益A_{V_o}由下式计算

$$A_{V_o} = |V_o/V_i| \text{ 或 } A_{V_o} = 20\lg(V_o/V_i)(\text{dB})$$

③通频带。由于谐振回路的选频作用，当工作频率偏离谐振频率时，放大器的电压增益下降，习惯上将电压增益A_V下降到谐振电压增益A_{V_o}的70%时所对应的频率偏移称为放大器的通频带BW，其表达式为

$$BW = 2\Delta f_{0.7} = f_0/Q_L$$

式中，Q_L为谐振回路的有载品质因数。

通频带BW是通过测量放大器的谐振曲线来求出的，测量方法可以是扫频法，也可以是逐点法。逐点法的测量步骤是先调谐放大器的谐振回路，使其谐振，记下此时的谐振频率f_0及电压增益A_{V_o}，然后改变高频信号的频率，记下此时的信号频率，测出电路的输出电压，算出对应的电压增益。由于回路失谐后电压增益下降，所以放大器的谐振曲线如图 5-1-2 所示。

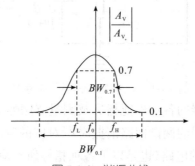

图 5-1-2 谐振曲线

由图 5-1-2 可得

$$BW_{0.7} = f_{H_{0.7}} - f_{L_{0.7}} = 2\Delta f_{0.7}$$
$$BW_{0.1} = f_{H_{0.1}} - f_{L_{0.1}} = 2\Delta f_{0.1}$$

此时，通频带越宽，放大器的电压增益越小。如图 5-1-2 所示，输出增益下降到最大值的 10% 时，$BW_{0.1} \gg BW_{0.7}$，因此，谐振网络的选通曲线矩形系数 $K_{r0.1} = BW_{0.1}/BW_{0.7} > 1$，从图 5-1-2 中可知，理想矩形系数为 1。显然，单调谐网络做不到，即要想得到一定宽度的通频带，同时又能提高放大器的电压增益，除了选用正向传输导纳 y_{fe} 较大的晶体管外，还应尽量减小调谐回路的总电容量 C_Σ。如果放大器只用来放大来自接收天线的某一固定频率的微弱信号，则可减小通频带，尽量提高放大器的增益。

(2)双调谐放大器。为了克服单调谐回路放大器的选择性差、通频带与增益

之间矛盾较大的缺点,可采用双调谐回路放大器。如图 5-1-3 所示,双调谐回路放大器具有频带宽、选择性好的优点,并能较好地解决增益与通频带之间的矛盾,从而在通信接收设备中广泛应用。

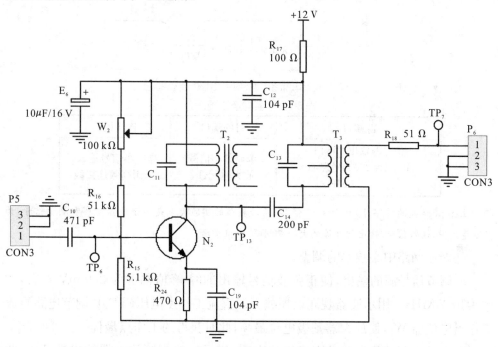

图 5-1-3 双调谐小信号放大电路图

在双调谐放大器中,被放大后的信号通过互感耦合回路加到下级放大器的输入端,若耦合回路初、次级本身的损耗很小,则可以被忽略。

① 谐振时的电压增益为

$$A_V = \left| \frac{V_o}{V_i} \right|$$

② 通频带。单调谐回路的谐振曲线为单峰;双调谐回路的谐振曲线为双峰。

【实验步骤】

(一)单调谐小信号放大器单元电路实验

(1) 点频法测量幅频特性。

① 在断电状态下,按图 5-1-4 所示进行连线(图中符号 ⌒ 表示高频连接线)。信号可以用通用信号源或信号源电路模板,信号一路加在待测电路输入端 P_3,同时可以用频率计观测信号频率,用信号源就不需要频率计。各端口信号和连接点的具体要求见表 5-1-1。

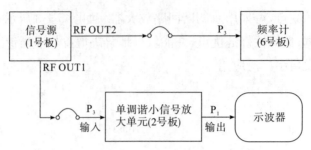

图 5-1-4　单调谐小信号放大电路连线框图

表 5-1-1　实验连线表(一)

源端口	目的端口	连线说明
信号源输出 OUT1 $V_{i(p\text{-}p)}=200\,\text{mV}$ 左右 $f_s=10.7\,\text{MHz}$	单调谐小信号 放大单元:P_3	高频小信号输入, 采用高频连接线

注:p-p(peak 的首字母)表示峰-峰值,本实验教程的实验大多是用示波器观察和测量信号,为了测量方便,输入信号、输出信号等的大小都用峰-峰值表示。

②谐振网路中心频率的调整。

a. 调节信号源的输出,使正弦波信号输出的峰-峰值幅度为 200 mV 左右,频率为10.7 MHz。用示波器观测谐振放大器直流工作点电压(TP$_2$),调节电路直流工作点电位器 W_1,使放大器基极电位最高,此时获得的工作点最佳。

b. 在放大器工作点调整到最佳状态下,用示波器观测放大器输出端 TP$_1$,此时调节中周的磁芯位置,改变其 L 值,使 TP$_1$ 幅度最大且波形稳定不失真,即选定了放大器的中心频率。

③放大器增益的动态测试。保持输入信号频率不变,调节信号源模块的幅度旋钮,改变单调谐放大电路中输入信号 TP$_3$ 的幅度。用示波器观察在不同幅度信号下 TP$_1$ 处输出信号的峰-峰值电压,并将对应的实测值填入表 5-1-2 中,计算电压增益 A_V。在图5-1-5所示的坐标轴中画出动态曲线。

表 5-1-2　动态测试表(一)

输入信号 f_i(MHz)	10.7			
输入信号 $V_{i(p\text{-}p)}$ (mV)TP$_3$	100	200	300	400
输出信号 $V_{o(p\text{-}p)}$ (mV)TP$_1$				
增益 A_V				

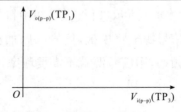

图 5-1-5　单调谐小信号放大电路电压增益 A_V 趋势图

观察增益是否为常数,如果不是,思考是什么原因引起的。在使用信号源时要注意信号源输出的匹配要求,建议电压大小以示波器的实际读数为准,这方面的知识在第 3 章中已介绍过。

④谐振放大器通频带特性测试。

a. 信号源保持输入信号幅度不变,调节信号源的频率,使其在 10.7 MHz 中心频率左右并按照 0.1 MHz 步进或递减,用示波器观察在不同频率信号下 TP_1 处的输出信号的峰-峰值电压,并将对应的实测值填入表 5-1-3 中,在图 5-1-6 所示的坐标轴中画出幅度-频率特性曲线。

表 5-1-3 幅度-频率特性测试数据表(一)

输入信号 $V_{i(p\text{-}p)}(\text{mV})TP_3$	200							
输入信号 $f_i(\text{MHz})$	10.4	10.5	10.6	10.7	10.8	10.9	11.0	11.1
输出信号 $V_{o(p\text{-}p)}(\text{mV})TP_1$								
增益 A_V								

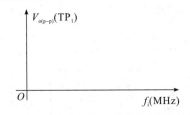

图 5-1-6 单调谐小信号放大电路通频带特性示意图

b. 在 $f_{0.7}$ 处微调输入信号频率,测试 f_H 和 f_L,并计算出 $BW_{0.7}=f_H-f_L$。

⑤谐振曲线的矩形系数 $K_{r0.1}$ 测试。

$$K_{r0.1}=2\Delta f_{0.1}/(2\Delta f_{0.7})$$

a. 在 $f_{0.1}$ 处微调输入信号频率,测试并计算出 $BW_{0.1}$(即 $2\Delta f_{0.1}$)。

b. 计算矩形系数 $K_{r0.1}=BW_{0.1}/BW_{0.7}$。

若实验室配有扫频仪,可用扫频仪观测回路谐振曲线。

(2)扫频法测量幅频特性。

①扫频仪自检。仪器自检是测量的第一个环节,扫频仪在使用前,必须进行自检,图 5-1-7 所示是某款扫频仪的自检状态图。

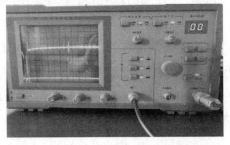

图 5-1-7 扫频仪自检状态图

②用扫频仪测量谐振放大器幅频特性。如图 5-1-8 所示，扫频仪可以快速读出中心频率、$BW_{0.7}$ 和 $BW_{0.1}$，得到 $K_{r0.1}$。

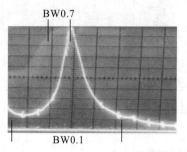

图 5-1-8　扫频仪检测单调谐小信号放大器幅频特性图

（二）双调谐小信号放大器单元电路实验

①在断电状态下，按图 5-1-9 所示进行连线。

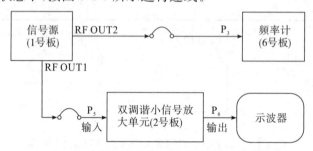

图 5-1-9　双调谐小信号放大电路连线框图

各端口信号连线见表 5-1-4。

表 5-1-4　实验连线表（二）

源端口	目的端口	连线说明
信号源：RF OUT1 （$V_{i(p-p)}=150\ \mathrm{mV}$　$f=465\ \mathrm{kHz}$）	双调谐小信号放大单元：P_5	高频小信号输入
1 号板：RF OUT2	频率计：P_3	频率计观察输入频率

②频率谐振的调整。

a. 用示波器观测 TP_6，调节 1 号板信号源模块，使其输出峰-峰值为 150 mV、频率为 465 kHz 的正弦波信号。

b. 顺时针调节 W_1 到底，反复调节中周 T_2 和 T_3，使 TP_7 幅度最大且波形稳定不失真。

③动态测试。保持输入信号频率不变，调节信号源模块的幅度旋钮，改变双调谐放大电路中输入信号 TP_6 的幅度，用示波器观察在不同幅度信号下 TP_7 处的输出信号的峰-峰值电压，并将对应的实测值填入表 5-1-5 中，计算电压增益 A_V，在坐标轴中画出动态曲线。

表 5-1-5 动态测试表(二)

输入信号 f_s(kHz)	465			
输入信号 $V_{i(p-p)}$(mV)TP$_6$	50	100	150	200
输出信号 $V_{o(p-p)}$(mV)TP$_7$				
增益 A_V				

④通频带特性测试。

a. 保持输入信号幅度不变,调节信号源的频率旋钮,改变双调谐放大电路中输入信号 TP$_6$ 的频率,用示波器观察不同频率信号下 TP$_7$ 处的输出信号的峰-峰值电压,并将对应的实测值填入表 5-1-6 中,在坐标轴中画出幅度-频率特性曲线。若配有扫频仪,可用扫频仪观测回路谐振曲线。

表 5-1-6 幅度-频率特性测试数据表(二)

输入信号 $V_{i(p-p)}$(mV)TP$_6$	150						
输入信号 f_s(kHz)	435	445	455	465	475	485	495	505
输出信号 $V_{o(p-p)}$(mV)TP$_7$							
增益 A_V							

b. 调节输入信号频率,测试并计算出 $BW_{0.7}$。

【实验报告要求】

(1)画出实验电路原理图或方框图,并说明其工作原理。

(2)整理使用点频法测得的实验数据,将表格转换成坐标轴的形式,并得出结论。

【思考题】

(1)实验中发现信号源输出大小与示波器实际测量值之间有差异,为什么?

(2)谐振放大器的增益是否为常数? 为什么输入信号增加到一定范围时,输出不增加?

5.2 非线性丙类功率放大器实验

【实验目的】

(1)了解丙类功率放大器的基本工作原理,掌握丙类功率放大器的调谐特性以及负载改变时的动态特性。

(2)了解丙类高频功率放大器工作的物理过程以及激励信号变化对功率放大器工作状态的影响。

(3)比较甲类功率放大器与丙类功率放大器的特点。

(4)掌握丙类功率放大器的计算与设计方法。

【实验内容】

(1)观察丙类高频功率放大器的工作状态,并分析其特点。
(2)测试丙类功率放大器的调谐特性。
(3)测试丙类功率放大器的负载特性。
(4)观察激励信号变化、负载变化对功率放大器工作状态的影响。

【实验仪器和电路板卡】

(1)双路信号源或信号电路板　　　　　　1台(块)
(2)双踪示波器　　　　　　　　　　　　1台
(3)万用表　　　　　　　　　　　　　　1个
(4)扫频仪(可选)　　　　　　　　　　　1台
(5)丙类谐振功率放大器电路模块　　　　1块
(6)频率计或频率计电路模块　　　　　　1台(块)

【实验原理】

功率放大器按照电流导通角 θ 的范围可分为甲类功率放大器、乙类功率放大器、丙类功率放大器、丁类功率放大器等不同类型。功率放大器的电流导通角 θ 越小,放大器的效率 η 越高。

丙类功率放大器电路原理图如图 5-2-1 所示,该实验电路由两级功率放大器组成。其中 N_3、T_5 组成甲类功率放大器(简称"甲类功放"),工作在线性放大状态,R_{14}、R_{15}、R_{16} 组成静态偏置电阻;N_4、T_6 组成丙类功率放大器(简称"丙类功放"),R_{18} 为射极反馈电阻,T_6 为谐振回路。甲类功放的输出信号通过 R_{17} 送到 N_4 基极作为丙类功放的输入信号,此时,只有当甲类功放输出信号大于丙类功放管 N_4 基极-射极间的负偏压值时,N_4 才导通工作。与拨码开关相连的电阻为负载回路外接电阻,改变 S_1 拨码开关的位置可改变并联电阻值,即改变回路 Q 值。下面介绍甲类功放和丙类功放的工作原理及基本关系式。

(1)甲类功率放大器。

①静态工作点。如图 5-2-1 所示,甲类功率放大器工作在线性状态,电路的静态工作点由下列关系式确定。

$$v_{EQ} = I_{EQ} R_{16}$$
$$I_{CQ} = \beta I_{BQ}$$
$$v_{BQ} = v_{EQ} + 0.7\text{ V}$$
$$v_{CEQ} = V_{CC} - I_{CQ} R_{16}$$

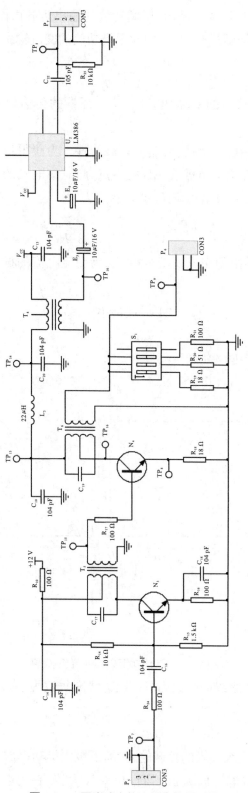

图 5-2-1　丙类功率放大器电路原理图

②负载特性。如图 5-2-1 所示,甲类功放的输出负载由丙类功放的输入阻抗决定,两级间通过变压器进行耦合,因此甲类功放的交流输出功率 P_o 可表示为

$$P_o = \frac{P'_H}{\eta_B}$$

式中,P'_H 为输出负载上的实际功率,η_B 为变压器的传输效率,一般 $\eta_B = 0.75 \sim 0.85$。

图 5-2-2 所示为甲类功率放大器的负载特性。为获得最大不失真输出功率,静态工作点 Q 应选在交流负载线 AB 的中点,此时集电极的负载电阻 R_H 称为最佳负载电阻。集电极的输出功率 P_C 的表达式为

$$P_C = \frac{1}{2} V_{cm} I_{cm} = \frac{1}{2} \frac{V_{cm}^2}{R_H}$$

式中,V_{cm} 为集电极输出的交流电压振幅,I_{cm} 为交流电流的振幅,它们的表达式分别为

$$V_{cm} = V_{CC} - I_{CQ} R_{16} - V_{CES}$$

$$I_{cm} \approx I_{CQ}$$

式中,V_{CES} 称为饱和压降,约为 1 V。

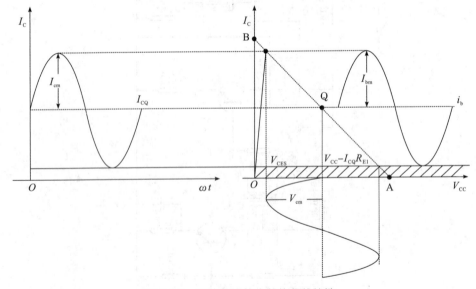

图 5-2-2 甲类功率放大器的负载特性

如果变压器的初级线圈匝数为 N_1,次级线圈匝数为 N_2,则

$$\frac{N_1}{N_2} = \sqrt{\frac{\eta_B R_H}{R'_H}}$$

式中,R'_H 为变压器次级接入的负载电阻,即下级丙类功率放大器的输入阻抗。

③功率增益。与电压放大器不同,功率放大器有一定的功率增益,对于图 5-2-1 所示的电路,甲类功放不仅要为下一级功放提供一定的激励功率,还要将前

级输入的信号进行功率放大,功率放大增益 A_P 的表达式为

$$A_P = \frac{P_o}{P_i}$$

式中,P_i 为放大器的输入功率,它与放大器的输入电压 V_{im} 及输入电阻 R_i 的关系为

$$V_{im} = \sqrt{2R_iP_i}$$

(2)丙类功率放大器。

①基本关系式。丙类功率放大器的基极偏置电压 V_{BE} 是利用发射极电流的直流分量 I_{E0}(约等于 I_{C0})在射极电阻上产生的压降来提供的。当放大器的输入信号 $v_i(t)$ 为正弦波时,集电极的输出电流 $i_C(t)$ 为余弦脉冲波。利用谐振回路 LC 的选频作用可输出基波谐振电压 V_{c1}、电流 I_{c1}。图 5-2-3 显示了丙类谐振功放的基极与集电极间的电流和电压波形关系。分析可得下列基本关系式

$$V_{c1m} = I_{c1m}R_0$$

式中,V_{c1m} 为集电极输出的谐振电压及基波电压的振幅,I_{c1m} 为集电极基波电流振幅,R_0 为集电极回路的谐振阻抗。

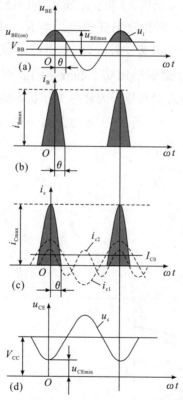

图 5-2-3　丙类谐振功放的基极与集电极间的电流和电压波形关系

$$P_C = \frac{1}{2}V_{c1m}I_{c1m} = \frac{1}{2}I_{c1m}^2 R_0 = \frac{1}{2}\frac{V_{c1m}^2}{R_0}$$

式中,P_C 为集电极的输出功率。

$$P_D = V_{CC}I_{C0}$$

式中，P_D 为电源 V_{CC} 供给的直流功率；I_{C0} 为集电极电流脉冲 i_C 的直流分量。

放大器的效率 η 为

$$\eta = \frac{1}{2} \cdot \frac{V_{clm}}{V_{CC}} \cdot \frac{I_{clm}}{I_{C0}}$$

②负载特性。当放大器的电源电压 $+V_{CC}$、基极偏压 V_b、输入电压（或称激励电压）V_{sm} 确定后，若电流导通角选定，则放大器的工作状态只取决于集电极回路的等效负载电阻 R_q。丙类谐振功率放大器的交流负载特性如图 5-2-4 所示，由图可见，当交流负载线正好穿过静态特性转移点 A 时，管子的集电极电压正好等于管子的饱和压降 V_{CES}，集电极电流脉冲接近最大值 I_{cm}，此时，集电极的输出功率 P_C 和效率 η 都较高，放大器处于临界工作状态。R_q 所对应的值称为最佳负载电阻，用 R_0 表示，即

$$R_0 = \frac{(V_{CC} - V_{CES})^2}{2P_o}$$

当 $R_q < R_0$ 时，放大器处于欠压状态，如 C 点所示，集电极输出电流虽然较大，但集电极电压较小，因此输出功率和效率都较小。当 $R_q > R_0$ 时，放大器处于过压状态，如 B 点所示，集电极电压虽然比较大，但集电极电流波形有凹陷，因此输出功率较低，但效率较高。为了兼顾输出功率和效率的要求，谐振功率放大器通常选择在临界工作状态。判断放大器是否为临界工作状态的条件为

$$V_{CC} - V_{cm} = V_{CES}$$

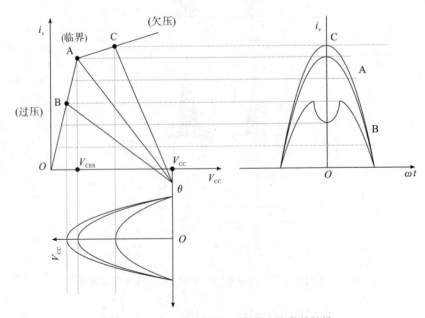

图 5-2-4　丙类谐振功率放大器的交流负载特性

【实验步骤】

(1) 按图 5-2-5 所示进行连线,各端口信号连线见表 5-2-1。

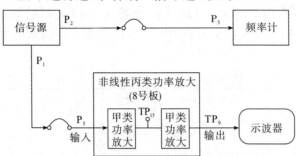

图 5-2-5 非线性丙类功率放大电路连线框图

表 5-2-1 实验连线表

源端口	目的端口	连线说明
信号源输出 OUT1 $V_{i(p-p)} \approx 300$ mV $f = 10.7$ MHz	非线性丙类功率放大电路板输入接口 P_5	高频小信号输入必须采用高频连接线,注意接地良好

图中符号 ⌒ 表示使用高频连接线,信号可以用通用信号源或信号源电路模板,信号一路加在待测电路输入端 P_3,同时可以用频率计监测信号频率,用信号源就不需要频率计。由于信号频率高,示波器探头的带宽要远远超过信号频率,否则信号显示失真大。

(2) 在非线性丙类功率放大板的前置放大电路输入端 P_5 处输入频率 $f = 10.7$ MHz(测试点 TP_7,$V_{TP7(p-p)} \approx 300$ mV)的高频正弦信号,调节中周 T_5 磁芯,使 TP_{15} 处信号峰-峰值约为几伏,此时第一级甲类功放增益在 10 倍左右[见附录图 7(a)],后面接着调节 T_6 的磁芯,使丙类谐振功率放大板输出端 TP_9 的幅度最大[见附录图 7(b)]。

① 调谐特性的测试。将 S_1 设为"0000",以 0.5 MHz 步进,以 10.7 MHz 为中心上下改变输入信号频率,记录 TP_9 处的输出幅度,填入表 5-2-2 中。

表 5-2-2 调谐特性测试数据记录表

f_i (MHz)	9.2	9.7	10.2	10.7	11.2	11.7	12.2
$V_{o(p-p)}$							

在图 5-2-6 中画出对应的幅频特性图。

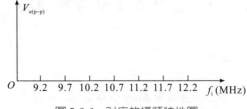

图 5-2-6 对应的幅频特性图

②负载特性的测试。先将信号源频率调至 10.7 MHz,输出电压幅度为峰-峰值 300 mV。非线性丙类功率放大板负载电阻转换开关 S_1(第 4 位没用到)依次拨为"1110""0110"和"0100",用示波器观测相应的 V_c(TP$_9$ 处观测)值和 V_e(TP$_8$ 处观测)值,等效描绘相应的 i_e 波形,分析负载对工作状态的影响。表 5-2-3 中, $R_{19}=18\ \Omega, R_{20}=51\ \Omega, R_{21}=100\ \Omega$,观察三种负载下对应的波形和大小,并记录到表 5-2-3 中。

表 5-2-3　负载特性测试数据记录表($f=10.7$ MHz, $V_{CC}=5$ V)

等效负载	负载最小时 $R_{19}//R_{20}//R_{21}$	$R_{20}//R_{21}$	负载最大时 R_{20}
$R_L(\Omega)$			
$V_{c(p\text{-}p)}$ (V)			
$V_{e(p\text{-}p)}$ (V)			
i_e 的波形示意图			

(3)观察激励电压变化对工作状态的影响。调节信号源输出幅度旋钮,增加输入激励,使 TP$_8$ 的三极管射级电压(等效为集电极电流)为对称的凹陷波形(见附录图 8),说明该输入激励使丙类谐振功放进入过压。然后,由大到小或由小到大地改变输入信号的幅度,用示波器观察 TP$_8$,即 i_e 波形的变化(观测 i_e 波形即观测 v_e 波形,$I_e=V_e/R_{18}$),找到过压、欠压和临界状态(见附录图 9 和图 10)。

【实验报告要求】

(1)整理实验数据,并填入表 5-2-2 和表 5-2-3 中。

(2)对实验参数和波形进行分析,说明输入激励电压、负载电阻对工作状态的影响。

(3)分析丙类功率放大器的特点。

【思考题】

(1)信号源接地端接地情况不同,为什么信号显示也不同?

(2)i_e 波形的凹陷失真说明什么?为什么与 R_e 和信号激励都有关?

5.3　三点式正弦波振荡器

【实验目的】

(1)掌握三点式正弦波振荡器电路的基本原理、起振条件、振荡电路设计及电路参数计算方法。

(2)通过实验掌握晶体管静态工作点、反馈系数大小、负载变化对起振和振荡幅度的影响。

(3)研究外界条件(如温度、电源电压和负载变化)对振荡器频率稳定度的影响。

【实验内容】

(1)熟悉振荡器模块各元件及其作用。
(2)进行 LC 振荡器波段工作研究。
(3)研究 LC 振荡器中静态工作点、反馈系数以及负载对振荡器的影响。
(4)测试 LC 振荡器的频率稳定度。

【实验仪器和电路板卡】

(1)双踪示波器   1 台
(2)万用表   1 个
(3)正弦波振荡器电路模块   1 块
(4)频率计或频率计电路模块   1 台(块)

【实验原理】

将开关 S_1 的 1 拨下,2 拨上,S_2 全部断开,由晶体管 N_1、C_3、C_{10}、C_{11}、C_4、CC_1 和 L_1 构成电容反馈三点式振荡器的改进型振荡器——西勒振荡器,电容 CC_1 可用来改变振荡频率。

$$f_0 \approx \frac{1}{2\pi\sqrt{L_1(C_4+CC_1)}}$$

振荡器的频率约为 4.5 MHz(计算振荡频率的可调范围)。振荡电路反馈系数为

$$F = \frac{C_3}{C_3+C_{11}} = \frac{220}{220+470} \approx 0.32$$

振荡器输出通过耦合电容 C_5(10 pF)加到由 N_2 组成的射极跟随器的输入端,因 C_5 容量很小,再加上射极跟随器的输入阻抗很高,可以减小负载对振荡器的影响。射极跟随器输出信号经 N_3 调谐放大,再经变压器耦合从 P_1 输出。

【实验步骤】

(1)在图 5-3-1 所示实验板上找到振荡器各零件的位置并熟悉各元件的作用。

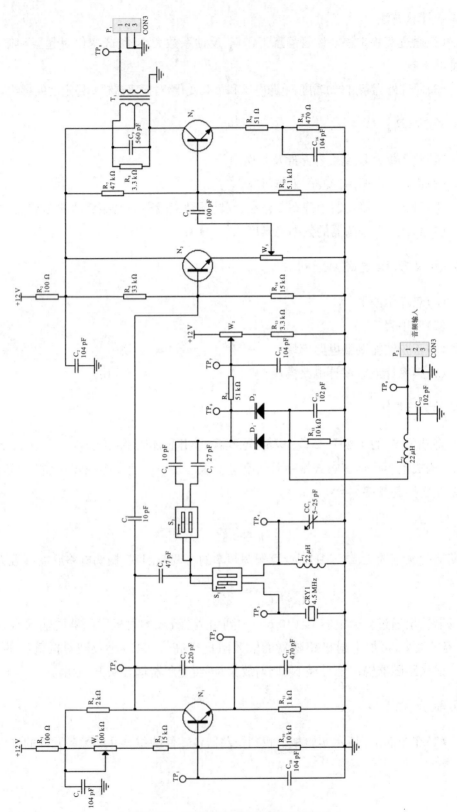

图 5-3-1 正弦波振荡器电路(4.5 MHz)

(2)研究振荡器静态工作点对振荡幅度的影响。

①将开关 S_1 拨为"01", S_2 拨为"00",消除压控振荡器变容二极管的影响,构成 LC 振荡器。

②改变上偏置电位器 W_1,记下 N_1 发射极电流 $I_{eo}=\dfrac{V_e}{R_{11}}$, $R_{11}=1\text{ k}\Omega$,建议用示波器的一个探头采用直接耦合的方式测量 TP_2 的 V_e,或将万用表的红表笔接 TP_2,黑表笔接地,测量 V_e,并用示波器另一个探头测量对应点 TP_5(探头用×10 挡)的振荡幅度 $V_{TP_5(p\text{-}p)}$,填于表 5-3-1 中,分析输出振荡电压和振荡管静态工作点的关系。

表 5-3-1　起振条件测试表

振荡状态	$V_{TP_5(p\text{-}p)}$	I_{eo}	判断三极管工作状态(波形见附录图 11 和图 12)
起振时			
停振时			
振荡幅度最大时			

分析思路:静态电流 I_{CQ} 会影响晶体管跨导 g_m,而增益和 g_m 是有关系的。在饱和状态下(I_{CQ} 过大),管子电压增益 A_V 会下降,一般取 I_{CQ} 为 1~5 mA 为宜,分析振荡器停振时三极管是工作在饱和状态还是截止状态。

(3)测量振荡器输出频率范围和频率稳定度。将频率计接于 P_1 处,改变可变电容 CC_1,用示波器从 TP_8 处观察波形及用频率计观察输出频率的变化情况,记录最高频率和最低频率并填于表 5-3-2 中。

表 5-3-2　频率变化数据记录表

f_{max}	f_{min}	频率偏差值	频率相对稳定度

(4)观察振荡器输出波形上的高频寄生干扰[见附录图 13(a)]和低频寄生干扰[见附录图 13(b)],读出其干扰信号的频率。

【实验报告要求】

(1)分析静态工作点、反馈系数 F 对振荡器起振条件和输出波形振幅的影响,并用所学知识加以分析。

(2)计算实验电路的振荡频率 f_0,并与实测结果比较。

【思考题】

(1)信号频率值用频率计测量准确还是用示波器测量准确?为什么?

(2)振荡器输出为什么有寄生干扰出现?分析可能的原因,思考应该如何削弱干扰。

5.4 晶体振荡器与压控振荡器

【实验目的】

(1) 掌握晶体振荡器与压控振荡器的基本工作原理。
(2) 比较 LC 振荡器和晶体振荡器的频率稳定度。

【实验内容】

(1) 熟悉振荡器模块各元件及其作用。
(2) 分析和比较 LC 振荡器与晶体振荡器的频率稳定度。
(3) 改变变容二极管的偏置电压,观察振荡器输出频率的变化。

【实验仪器和电路板卡】

(1) 双踪示波器　　　　　　　　　　　　　1 台
(2) 万用表　　　　　　　　　　　　　　　1 个
(3) 正弦波振荡器电路模块　　　　　　　　1 块
(4) 频率计或频率计电路模块　　　　　　　1 台(块)

【实验原理】

(1) 晶体振荡器。正弦波振荡器电路如图 5-4-1 所示。将开关 S_2 拨为"00", S_1 拨为"10",由 N_1、C_3、C_{10}、C_{11}、晶体 CRY1 与 C_4 构成晶体振荡器(皮尔斯振荡电路),在振荡频率上晶体等效为电感。

(2) LC 压控振荡器(voltage controlled oscillator,VCO)。将 S_2 拨为"10"或"01",S_1 拨为"01",则变容二极管 D_1、D_2 并联在电感 L_1 两端。当调节电位器 W_2 时,D_1、D_2 两端的反向偏压随之改变,从而改变了 D_1 和 D_2 的结电容 C_j,也就改变了振荡电路的等效电感,使振荡频率发生变化。

(3) 晶体压控振荡器。将开关 S_2 拨为"10"或"01",S_1 拨为"10",就构成了晶体压控振荡器。

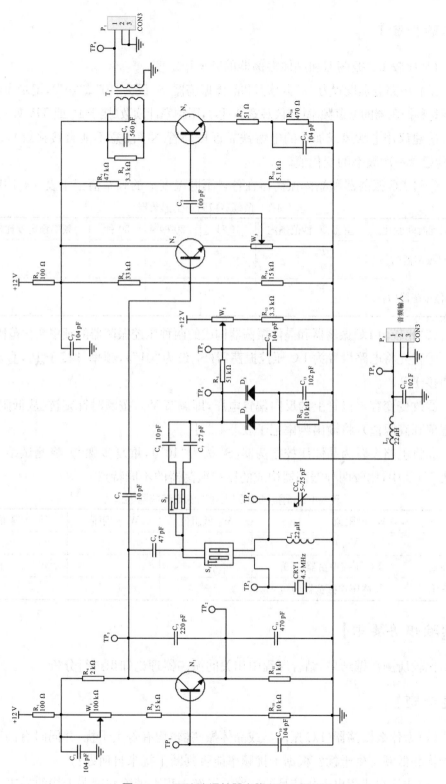

图 5-4-1 正弦波振荡器电路(4.5 MHz)

【实验步骤】

(1) 比较 LC 振荡器和晶体振荡器的频率稳定度。

① 将电路分别设置为 LC 振荡器和晶体振荡器（S_1 设为"10"或"01"），记录当前室温下每种振荡器的振荡频率（建议观察 20 秒），用频率计读数（接于 P_1 或 TP_8 处）。

② 建议用电吹风或加热的电烙铁靠近振荡管 N_1（注意不能直接接触），每隔 10 秒记录一次频率的变化值。

③ 将 LC 振荡器和晶体振荡器在各自不同温度下的频率值记于表 5-4-1 中。

表 5-4-1 振荡器数据对比记录表

温度时间变化	室温 20 秒范围内	10 秒	20 秒	30 秒	频率稳定度比较
LC 振荡器(f_1)	$F_{min}=$ $f_{max}=$				
晶体振荡器(f_2)	$F_{min}=$ $f_{max}=$				

(2) 比较由 LC 振荡器和晶体振荡器构成的两种压控振荡器的频率变化范围。

① 首先将电路设置为 LC 压控振荡器（S_1 设为"01"），频率计接于 P_1，直流电压表接于 TP_7。

② 改变变容二极管上的反向偏置电压，即调节 W_2，按顺时针旋转（从低阻值、中阻值到高阻值），将输出频率记于表 5-4-2 中。

③ 将电路设置为晶体压控振荡器（S_1 拨为"10"），重复步骤②，将测试结果填于表 5-4-2 中，比较两种振荡器构成的压控振荡器的不同特点。

表 5-4-2 阻值变化对振荡器的影响数据记录表

W_2 电阻值		W_2 低阻值	W_2 中阻值	W_2 高阻值
	V_{D_1}(V_{D_2})			
振荡频率	LC 压控振荡器(f_1)			
	晶体压控振荡器(f_2)			

【实验报告要求】

比较所测数据结果，结合课程中相关的振荡器理论知识进行分析。

【思考题】

(1) 为什么振荡器（LC 振荡器或晶体振荡器）均有寄生干扰，并同时有高频寄生干扰和低频寄生干扰？根据干扰频率能否判断干扰来自何处？

(2) 如何快速读出干扰信号的频率？了解工程上消除和削弱干扰的方法。

(3) 晶体压控振荡器的缺点是频率控制范围很窄，如何扩大其频率控制范围？

5.5 二极管双平衡混频器

【实验目的】

(1) 掌握二极管双平衡混频器频率变换的物理过程。
(2) 掌握混频器的分类及作用。

【实验内容】

(1) 研究二极管双平衡混频器频率变换过程和优缺点。
(2) 研究二极管双平衡混频器输出频谱与本振电压大小的关系。

【实验仪器和电路卡板】

(1) 双路信号源或信号电路板　　　　　　　　1台(块)
(2) 双踪示波器　　　　　　　　　　　　　　1台
(3) 万用表　　　　　　　　　　　　　　　　1个
(4) 二极管双平衡混频器电路模块　　　　　　1块
(5) 频率计或频率计电路模块　　　　　　　　1台(块)

【实验原理】

(1) 二极管双平衡混频原理。二极管双平衡混频器基本原理模型如图 5-5-1 所示。图中 V_S 为输入信号电压，V_L 为本机振荡电压。在负载 R_L 上产生差频和合频，还夹杂有一些其他频率的无用产物，再接上一个滤波器(图中未画出)。

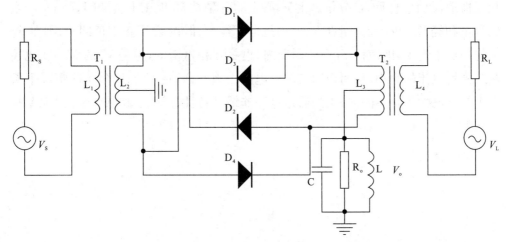

图 5-5-1　二极管双平衡混频器基本原理模型

二极管双平衡混频器的最大特点是工作频率极高，可达微波波段，由于二极管双平衡混频器工作于很高的频段，因此，图 5-5-1 中的变压器一般为传输线变压器。

二极管双平衡混频器的基本工作原理是利用二极管伏安特性的非线性。众所周知，二极管的伏安特性为指数律，用幂级数展开为

$$i = I_S(e^{\frac{v}{V_T}} - 1) = I_S \left[\frac{v}{V_T} + \frac{1}{2!}\left(\frac{v}{V_T}\right)^2 + \cdots + \frac{1}{n!}\left(\frac{v}{V_T}\right)^n + \cdots \right]$$

当加到二极管两端的电压 v 为输入信号电压 V_S 和本机振荡电压 V_L 之和时，v^2 项产生差频与和频，其他项产生不需要的频率分量。由于上式中 v 的阶次越高，系数越小，因此，对差频与和频构成干扰最严重的是 v 的一次方项(因其系数比 v^2 项大 1 倍)产生的输入信号频率分量和本振频率分量。

用两个二极管构成双平衡混频器与用单个二极管实现混频相比，前者能有效抑制无用产物。双平衡混频器的输出仅包含 $p\omega_L \pm \omega_S$ (p 为奇数)的组合频率分量，而抵消了 ω_L、ω_C 以及 p 为偶数($p\omega_L \pm \omega_S$)时的众多组合频率分量。

下面从物理方面简要说明双平衡混频器的工作原理及其对频率 ω_L 及 ω_S 的抑制作用。

在实际电路中，本振信号 V_L 远大于输入信号 V_S，在 V_S 变化范围内，二极管的导通与否完全取决于 V_L，因此，本振信号的极性决定了哪一对二极管导通。当 V_L 上端为正时，二极管 D_3 和 D_4 导通，D_1 和 D_2 截止；当 V_L 上端为负时，二极管 D_1 和 D_2 导通，D_3 和 D_4 截止。这样，将图 5-5-2 所示的双平衡混频器拆开成图 5-5-2(a)和图 5-5-2(b)所示的两个单平衡混频器，图 5-5-2(a)是 V_L 上端为负、下端为正；图 5-5-2(b)是 V_L 上端为正、下端为负。

由图 5-5-2(a)和图 5-5-2(b)可以看出，V_L 单独作用在 R_L 上所产生的 ω_L 分量相互抵消，故 R_L 上无 ω_L 分量。由 V_S 产生的分量在 V_L 上正下负期间，经 D_3 产生的分量和经 D_4 产生的分量在 R_L 上均是自下经上，但在 V_L 下正上负期间，则在 R_L 上均是自上经下，即使在 V_L 一个周期内，也是互相抵消的，但是 V_L 的大小变化控制二极管电流的大小，从而控制其等效电阻。因此，V_S 在 V_L 瞬时值不同情况下所产生的电流大小是不同的，正是通过这一非线性特性，产生了相乘效应，出现差频与和频。

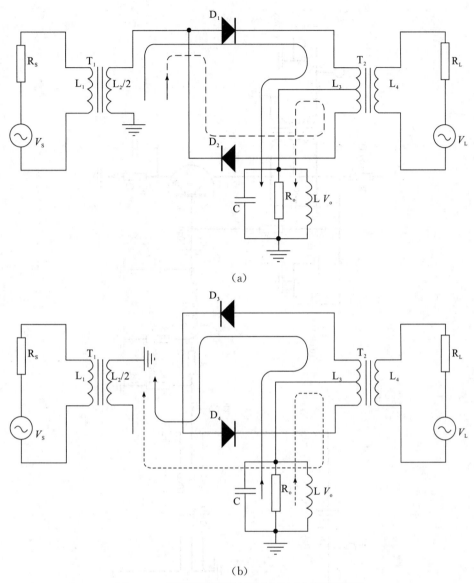

图 5-5-2 双平衡混频器拆开成两个单平衡混频器

(2)电路说明。二极管双平衡混频电路如图 5-5-3 所示,这里使用的是二极管双平衡混频模块 ADE-1,该模块的内部电路如图 5-5-4 所示。在图 5-5-3 中,本振信号 V_L 由 P_3 输入,射频信号 V_S 由 P_1 输入,它们都通过 ADE-1 中的变压器将单端输入变为平衡输入并进行阻抗变换,TP_8 为中频输出口,是不平衡输出。

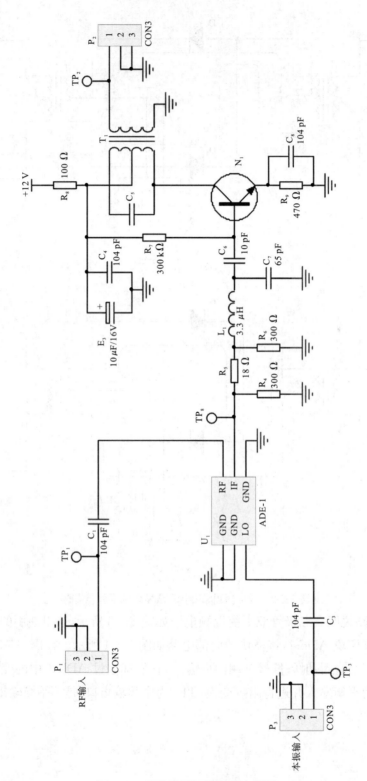

图 5-5-3 二极管双平衡混频电路图

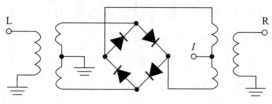

图 5-5-4　ADE-1 内部电路

在工作时,要求本振信号 $V_L > V_S$,使 4 只二极管按照其周期处于开关工作状态,可以证明,在负载 R_L 两端的输出电压(可在 TP_8 处测量)将会有本振信号的奇次谐波(含基波)与信号频率的组合分量 $p\omega_L \pm \omega_S$(p 为奇数),通过带通滤波器可以取出所需频率分量 $\omega_L + \omega_S$(或 $\omega_L - \omega_S$)。由于 4 只二极管完全对称,因此分别处于两个对角上的本振电压 V_L 和射频信号 V_S 不会互相影响,有很好的隔离性。此外,这种混频器的输出频谱较纯净,噪声低,工作频带宽,动态范围大,工作频率高,缺点是高频增益小于 1。N_1、C_5、T_1 组成谐振放大器,用于选出需要的频率并进行放大,以弥补无源混频器的损耗。

【实验步骤】

(1)熟悉实验板上各元件的位置及作用。

(2)按图 5-5-5 所示进行连线,各端口信号连线见表 5-5-1。

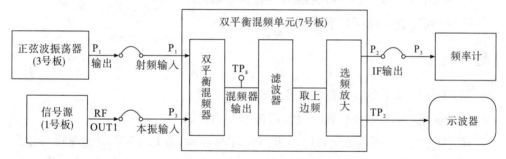

图 5-5-5　双平衡混频连线框图

表 5-5-1　实验连线表

源端口	目的端口	连线说明
信号源输出 OUT1 (幅度 100～300 mV, 频率 $f_1 = 6.2$ MHz)	双平衡混频模块:P_3	作为本振信号输入
信号源输出 OUT2 (幅度 100～300 mV, 频率 $f_2 = 4.5$ MHz)	双平衡混频模块:P_1	作为射频信号输入
双平衡混频模块:P_2	频率计:P_3 示波器:TP_2	混频后输出信号分别接到 频率计和示波器

(3) 将信号源输出 OUT1 正弦波幅度设置在 100～300 mV，输出频率为 4.5 MHz(也可以将频率设定在 1～10 MHz)。

(4) 将信号源输出 OUT2 正弦波幅度设置在 100～300 mV，输出频率为 6.2 MHz(也可以将频率设定在 1～10 MHz)。

上述两路信号的频率确保 $f_1 \pm f_2$ 等于混频输出信号频率即可，本实验电路混频输出滤波器的中心频率设计在 10.7 MHz，所以实验时满足 $f_1 \pm f_2 =$ 10.7 MHz均可。本实验上混频是 $(6.2+4.5)$ MHz，波形见附录图 14 和图 15；下混频是 $(13-2.3)$ MHz，波形见附录图 16 和图 17。

(5) 用示波器观察双平衡混频模块输出点 TP_8 处的波形，以及经选频放大处理后的 TP_2 处波形，并读出频率计上的频率(如果使用数字示波器，可以使用 FFT 功能观测 TP_8 的频谱)。适当微调双平衡混频模块中周 T_1，改变滤波参数，使输出信号幅度最大。

(6) 调节本振信号幅度，重做步骤(3)、(4)，观察信号变小对混频输出的影响，当 f_2 幅度小于 100 mV 时，输出的频谱更干净。

【实验报告要求】

(1) 画出 TP_1、TP_2、TP_3 的波形。
(2) 分别完成上混频和下混频两次实验。

【思考题】

(1) 为什么双平衡混频器输出要加选频放大器？
(2) 输入信号大是否有利于混频器输出？为什么？
(3) 为什么一路信号较小时(小于 100 mV)，示波器用 FFT 功能观察频谱较干净？

5.6 模拟乘法混频

【实验目的】

(1) 了解模拟乘法混频器的工作原理。
(2) 了解混频器中的寄生干扰。

【实验内容】

(1) 研究模拟乘法混频器的频率变换过程。

(2) 研究模拟乘法混频器输出中频电压与输入本振电压的关系。

(3) 研究模拟乘法混频器输出中频电压与输入信号电压的关系。

【实验仪器和电路卡板】

(1) 双路信号源或信号电路板　　　　　　　　1 台(块)

(2) 双踪示波器　　　　　　　　　　　　　　1 台

(3) 万用表　　　　　　　　　　　　　　　　1 个

(4) 模拟混频器电路模块　　　　　　　　　　1 块

(5) 频率计或频率计电路模块　　　　　　　　1 台(块)

【实验原理】

在高频电子电路中,常常需要将信号从某一个频率变到另一个频率,这样不仅能满足各种无线电设备的需要,而且有利于提高设备的性能。对信号进行变频,是将信号的各分量移至新的频域,但各分量的频率间隔和相对幅度保持不变,进行这种频率变换时,新频率等于信号原来的频率与某一参考频率的和或差,该参考频率通常称为本机振荡频率。本机振荡频率可以由单独的信号源供给,也可以由频率变换电路内部产生,当本机振荡频率由单独的信号源供给时,这样的频率变换电路称为混频器(不带独立振荡器的称为变频器)。

混频器常用的非线性器件有二极管、三极管、场效应管和乘法器。本振用于产生一个等幅的高频信号 V_L,并与输入信号 V_S 经混频器后所产生的混频信号经带通滤波器滤出。

本实验采用集成模拟相乘器做混频电路实验。因为模拟相乘器的输出频率包含两个输入频率的差或和,故模拟相乘器加滤波器,滤波器滤除不需要的分量,取和频或差频二者之一,构成混频器。

图 5-6-1 所示为相乘混频器方框图,设滤波器滤除和频,则输出为差频信号。

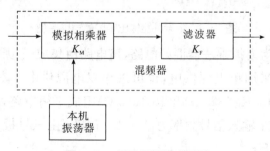

图 5-6-1　相乘混频器方框图

图 5-6-2 所示为信号经混频前的频谱图，设信号是载波频率为 f_S 的普通调幅波，本机振荡频率为 f_L。设输入信号为 $v_S = V_S \cos\omega_S t$，本机振荡信号为 $v_L = V_L \cos\omega_L t$，由相乘混频的框图可得输出电压，此处是下混频器输出中频信号，如图 5-6-3 所示。

$$v_0 = \frac{1}{2} K_F K_M V_L V_S \cos(\omega_L - \omega_S)t$$
$$= V_0 \cos(\omega_L - \omega_S)t$$

式中，$V_0 = \frac{1}{2} K_F K_M V_L V_S$。定义混频增益 A_M 为中频电压幅度 V_0 与高频电压 V_S 之比，则有

$$A_M = \frac{V_0}{V_S} = \frac{1}{2} K_F K_M V_L$$

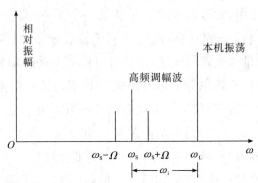

图 5-6-2　加在混频器两路信号的频谱图

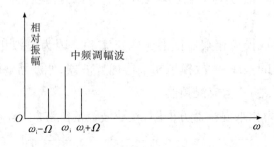

图 5-6-3　下混频器输出中频信号频谱图

图 5-6-4 所示为模拟乘法器混频电路，该电路由集成模拟乘法器 MC1496 完成。MC1496 可以采用单电源供电，也可采用双电源供电。本实验电路中采用 +12 V、-8 V 供电。$R_{12}(820\ \Omega)$ 和 $R_{13}(820\ \Omega)$ 组成平衡电路，F_1 为 4.5 MHz 陶瓷滤波器。本实验中输入信号频率为 $f_S = 4.2$ MHz（由三号板 LC 振荡输出），本振频率 $f_L = 8.7$ MHz。

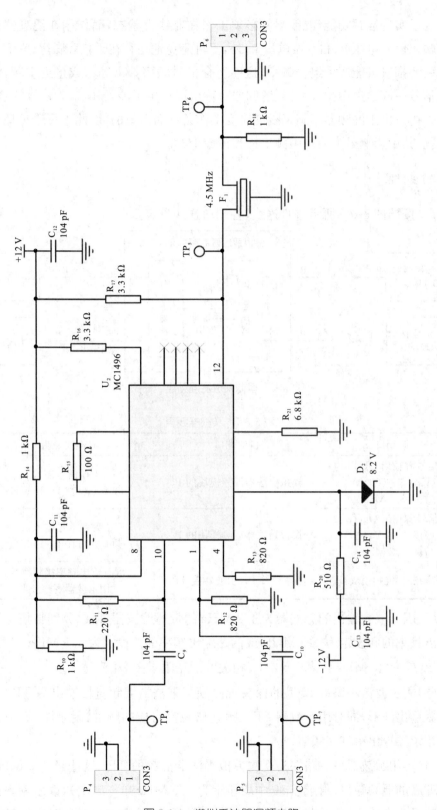

图 5-6-4 模拟乘法器混频电路

为了实现混频功能,混频器件必须工作在非线性状态,而作用在混频器上的除了输入信号电压 V_S 和本振电压 V_L 外,不可避免地还存在干扰和噪声,它们之间任意两者都有可能产生组合频率,这些组合信号频率如果等于或接近中频,将与输入信号一起通过中频放大器、解调器对输出级产生干涉,影响输入信号的接收。

干扰是由于混频器不满足线性时变工作条件而形成的,因此不可避免地会产生干扰,其中影响最大的是中频干扰和镜像干扰。

【实验步骤】

(1)按照图 5-6-5 所示进行连线,各端口连线见表 5-6-1。

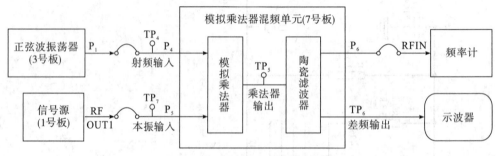

图 5-6-5　模拟乘法器混频连线框图

表 5-6-1　实验连线表

源端口	目的端口	连线说明
信号源输出 OUT1 ($V_{本振P-P}=600$ mV $f_1=8.7$ MHz)	模拟乘法器混频模块的 P_5	本振信号输入, 频率亦可在 1~10 MHz
信号源输出 OUT2 (幅度 1~2 V,频率 $f_2=4.2$ MHz)	模拟乘法器混频模块的 P_4	射频信号输入, 频率亦可在 1~10 MHz
模拟乘法器混频模块:P_6	频率计接 P_3,示波器接 TP_6	混频输出频率接频率计, 用示波器观察波形

(2)因为混频输出的滤波器为 4.5 MHz 的带通滤波器,所以分别将信号源两路输出频率的和设定为 4.5 MHz,或两路输出频率的差设定为 4.5 MHz 即可,记录 $f_1 \pm f_2 = 4.5$ MHz 到表 5-6-2 中,相关波形见附录图 20。

(3)用示波器一路带 FFT 的探头观测模拟乘法器混频直接输出端 TP_5 点的乘法器输出波形,同时用示波器 FFT 频谱仪观察对应的频谱,附录图 18 中显示直接相乘器输出有许多频谱。

(4)再用示波器另一路探头观测模拟乘法器混频的 TP_6,观测经 4.5 MHz 滤波处理后的混频输出(附录图 19 中均显示为 4.5 MHz 单一频谱),读出频率计上的频率是否在 4.5 MHz 中心范围,同时用示波器 FFT 频谱仪观察对应的频谱是否有所改善,相关波形见附录图 21。

【实验报告要求】

(1) 整理实验数据,填写表 5-6-2。
(2) 绘制实验步骤(3)、(4)中所观测到的波形图,并作分析。
(3) 归纳并总结信号混频的过程。

表 5-6-2 实验数据表

$V_{1本振p-p}$(600 mV)	$F_1=8.7$ MHz	$F_2=2.7$ MHz
V_{2p-p}(1 V)	$F_1=4.2$ MHz	$F_2=1.8$ MHz
$V_{中频p-p}$		

5.7 模拟乘法器调幅

【实验目的】

(1) 掌握用集成模拟乘法器实现全载波调幅(amplitude modulation,AM)、抑制载波双边带(double side band,DSB)调幅和音频信号单边带(single side band,SSB)调幅的方法。
(2) 研究已调波与调制信号以及载波信号的关系。
(3) 掌握调幅系数的测量与计算方法。
(4) 通过实验对比全载波调幅、抑制载波双边带调幅和音频信号单边带调幅的波形。
(5) 了解模拟乘法器(MC1496)的工作原理,掌握调整与测量其特性参数的方法。

【实验内容】

(1) 实现全载波调幅,改变调幅度,观察波形变化并计算调幅度(具体测量的波形可参见附录图 28)。
(2) 实现抑制载波双边带调幅(具体测量的波形可参见附录图 29)。
(3) 实现单边带调幅。

【实验仪器和电路卡板】

(1) 双路信号源或信号电路板　　　　　　　　　1 台(块)
(2) 双踪示波器　　　　　　　　　　　　　　　1 台

(3) 万用表   1 个
(4) 集成模拟乘法器电路模块   1 块
(5) 频率计或频率计电路模块   1 台(块)

【实验原理】

幅度调制就是载波的振幅(包络)随调制信号的参数变化而变化。本实验中,载波是由高频信号源产生的 465 kHz 高频信号,调制信号为 1 kHz 的低频信号,振幅调制器即为产生调幅信号的装置。

(1) 集成模拟乘法器的内部结构。集成模拟乘法器是完成两个模拟量(电压或电流)相乘的电子器件。在高频电子线路中,振幅调制、同步检波、混频、倍频、鉴频、鉴相等调制与解调的过程均可视为两个信号相乘或包含相乘的过程,采用集成模拟乘法器实现上述功能比采用分离器件如二极管和三极管要简单得多,而且集成模拟乘法器性能优越,目前在无线通信、广播电视等方面应用较多。集成模拟乘法器常见的产品有 BG314、F1595、F1596、MC1495、MC1496、LM1595、LM1596 等。

① MC1496 的内部结构。在本实验中,采用集成模拟乘法器 MC1496 来完成调幅过程。MC1496 是四象限模拟乘法器,其内部电路图和引脚图如图 5-7-1 所示,其中 Q_1、Q_2 与 Q_3、Q_4 组成双差分放大器,以反极性方式相连接,而两组差分对的恒流源 Q_5 与 Q_6 又组成一对差分电路,因此恒流源的控制电压可正可负,以此实现四象限工作。Q_7、Q_8 为差分放大器 Q_5 与 Q_6 的恒流源。

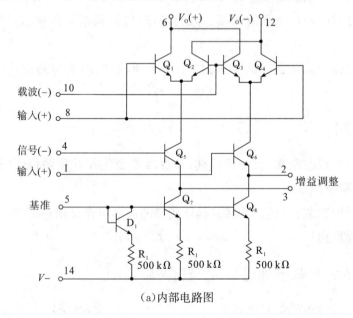

(a) 内部电路图

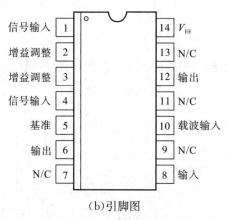

(b) 引脚图

图 5-7-1　MC1496 的内部电路和引脚图

② 静态工作点的设定。

a. 静态偏置电压的设置。静态偏置电压的设置应保证各个晶体管工作在放大状态,即晶体管的集-基极间的电压应大于或等于 2 V,小于或等于最大允许工作电压。

b. 静态偏置电流的确定。静态偏置电流主要由恒流源 I_0 的值来确定。当器件为单电源工作时,引脚 14 接地,引脚 15 通过一电阻 R 接正电源 $+V_{CC}$。由于 I_0 是 I_5 的镜像电流,因此改变 R 可以调节 I_0 的大小,即

$$I_0 \approx I_5 = \frac{V_{CC} - 0.7}{R + 500}$$

当器件为双电源工作时,引脚 14 接负电源 $-V_{EE}$,引脚 5 通过一电阻 R 接地,所以改变 R 可以调节 I_0 的大小,即

$$I_0 \approx I_5 = \frac{V_{EE} - 0.7}{R + 500}$$

根据 MC1496 的性能参数,器件的静态电流应小于 4 mA,一般取 $I_0 \approx I_5 = 1$ mA。在本实验电路中,R 用 6.8 kΩ 的电阻 R_{15} 代替。

(2) 实验电路说明。用 MC1496 集成电路构成的调幅器电路如本节末图 5-7-5 所示。图中,W_1 用来调节引脚 1、4 之间的平衡,器件采用双电源方式供电(+12 V,−8 V),所以引脚 5 偏置电阻 R_{15} 接地,电阻 $R_1 \sim R_6$ 为器件提供静态偏置电压,保证器件内部的各个晶体管工作在放大状态。载波信号加在 $V_1 \sim V_4$ 的输入端,即引脚 8、10 之间,载波信号 V_C 经高频耦合电容 C_1 从引脚 10 输入,C_2 为高频旁路电容,使引脚 8 交流接地。调制信号加在差动放大器 V_5、V_6 的输入端,即引脚 1、4 之间,调制信号 v_Ω 经低频耦合电容 C_5 从引脚 1 输入,引脚 2、3 外接 1 kΩ 电阻,以扩大调制信号的动态范围。当电阻增大、线性范围增大时,乘法器的增益随之减小,已调制信号取自双差动放大器的两集电极(即引脚 6、12 之间)输出。

【实验步骤】

(1)模拟乘法器调幅连线框图如图 5-7-2 所示,各端口连线见表 5-7-1。

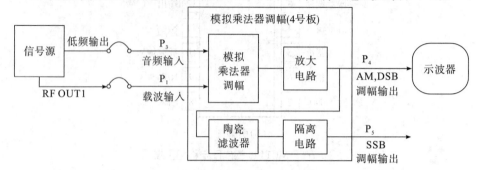

图 5-7-2　模拟乘法器调幅连线框图

表 5-7-1　实验连线表

源端口	目的端口	连线说明
信号源输出 OUT1 ($V_{H(p-p)}$=600 mV　f=465 kHz)	模拟乘法器调幅模块:P_1	载波输入
信号源输出 OUT2 低频输出 ($V_{L(p-p)}$=70 mV　$f≈2$ kHz)	模拟乘法器调幅模块:P_3	音频输入

(2)抑制载波振幅调制(DSB 波)。

①从 P_1 端输入载波信号(注意:此时音频输入 P_3 端口暂不输入音频信号),调节平衡电位器 W_1,使输出信号 v_o(TP$_6$)中载波输出幅度最小(此时表明载波等效已被抑制,乘法器 MC1496 的引脚 1、4 电压相等)。

②从 P_3 端输入音频信号(正弦波),观察 TP$_6$ 处输出的抑制载波的调幅信号。适当调节 W_2,改变 TP$_6$ 输出波形的幅度,将音频信号的频率调至最大,此时,可从时域上观测到较清晰的抑制载波调幅波,如图 5-7-3 所示,实际波形可参考附录图 22。

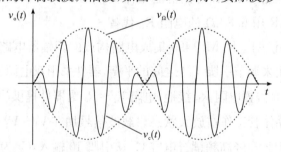

图 5-7-3　抑制载波调幅波形

(3)全载波振幅调制(AM 波)。

①从 P_1 端输入载波信号,即调节电位器 W_1,使之取消载波抑制,输出信号 v_o(TP$_6$)中有载波输出(此时 V_1 与 V_4 不相等,即 MC1496 引脚 1、4 的电压差不为 0)。

②从 P_3 端输入音频信号(正弦波),TP$_6$ 最后出现如图 5-7-4 所示的有载波调

幅信号的波形,记下 AM 波对应的 V_{max} 和 V_{min},并计算调幅度 M。适当调节电位器 W_1 改变调制度,观察 TP_6 输出波形的变化情况,再记录 AM 波对应的 V_{max} 和 V_{min},并计算调幅度 M。适当改变音频信号的幅度,观察调幅信号的变化,如图 5-7-4 所示。实际波形可参考附录图 23 至图 27,其中,附录图 24 中 $M=50\%$,附录图 27 中 $M=100\%$,附录图 26 中 $M>100\%$。

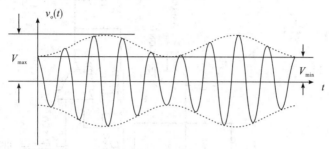

图 5-7-4 普通振幅调幅波形

(4) 抑制载波单边带振幅调制(SSB 波)。

① 调节电位器 W_1,辅助调节信号幅度,使 TP_6 处输出抑制载波调幅信号 DSB,附录图 30 中,一路为 DSB 波(黄色),一路为 SSB 波(蓝色)。在 $P_5(TP_7)$ 处观察输出的抑制载波单边带 SSB 波的时域波形是否为等幅波,波形图见附录图 30。不等幅时,可以将音频信号频率增加到 5 kHz,再从 $P_5(TP_7)$ 处观察输出的抑制载波单边带的时域波形为等幅波,见附录图 31。同时可以用频谱分析仪或示波器的 FFT 功能,从频域角度观测 TP_7,记录此时 SSB 波的频率。附录图 32 中,当 f 从 2 kHz 增加到 5 kHz 时,SSB 波基本成为等幅波。

② 比较全载波调幅、抑制载波双边带调幅和抑制载波单边带调幅的波形。

【实验报告要求】

(1) 整理实验数据,画出实验波形。

(2) 画出调幅实验中 $M=50\%$、$M=100\%$、$M>100\%$ 的调幅波形,分析过调幅的原因。

(3) 画出改变 W_1 时得到的几种调幅波形,分析出现多种调幅波形的原因。

(4) 画出全载波调幅波形、抑制载波双边带调幅波形及抑制载波单边带调幅波形,比较三者的区别。

【思考题】

(1) 在 SSB 波实验中,如果音频取 2 kHz,实验电路能否从 DSB 波中取到合格的 SSB 波?如果取不到,原因是什么?

(2) 为了能有稳定的 AM 波、DSB 波、SSB 波,如何调整载波、音频幅度和调制度?

(3)使用数字示波器观察调制波时,要适当提高示波器的记录长度,为什么?附录图33(b)为记录长度不同看到的AM波。

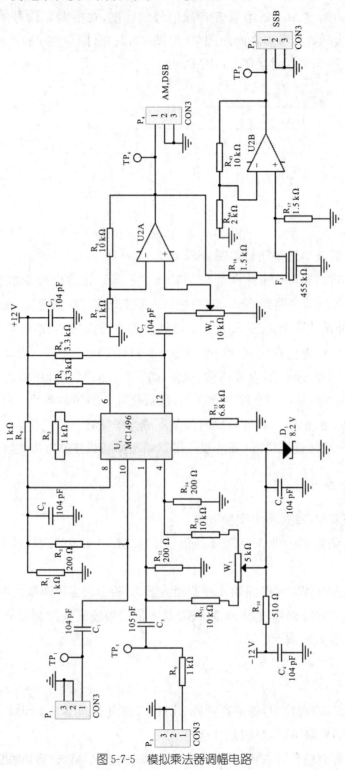

图 5-7-5 模拟乘法器调幅电路

5.8 包络检波及同步检波实验

【实验目的】

(1) 进一步了解调幅波的原理,掌握调幅波的解调方法。
(2) 掌握二极管峰值包络检波的原理。
(3) 掌握包络检波器的主要质量指标、检波效率及各种波形失真的现象,分析产生的原因并思考克服的方法。
(4) 掌握用集成电路实现同步检波的方法。

【实验内容】

(1) 完成普通调幅波的解调。
(2) 观察抑制载波的双边带调幅波的解调。
(3) 观察普通调幅波解调中的对角切割失真、底部切割失真以及检波器不加高频滤波时的现象。

【实验仪器和电路卡板】

(1) 双路信号源或信号电路板　　　　　　　　1台(块)
(2) 双踪示波器　　　　　　　　　　　　　　1台
(3) 万用表　　　　　　　　　　　　　　　　1个
(4) 二极管包络检波电路模块　　　　　　　　1块
(5) 频率计或频率计电路模块　　　　　　　　1台(块)
(6) 集成模拟乘法器电路模块　　　　　　　　1块

【实验原理】

检波过程是一个解调过程,与调制过程正好相反。检波器的作用是从振幅受调制的高频信号中还原出原调制的信号,还原所得的信号与高频调幅信号的包络变化规律一致,故检波器又称包络检波器。

假如输入信号是高频等幅信号,则输出就是直流电压,这是检波器的一种特殊情况,在测量仪器中应用较多。例如,某些高频电压计的探头就是采用这种检波原理。若输入信号是调幅波,则输出就是原调制信号,这种情况应用最广泛,各种连续波工作的调幅接收机的检波器即属此类。

从频谱来看,检波就是将调幅信号频谱由高频搬移到低频,如图 5-8-1 所示

(此图为单音频 Ω 调制的情况)。图 5-8-1(a)所示为检波前单音频调制频谱图,图 5-8-1(b)所示为检波后单音频 Ω 频谱图。检波过程也是应用非线性器件进行频率变换的,首先要产生许多新频率,然后通过滤波器滤除无用频率分量,取出所需要的原调制信号。

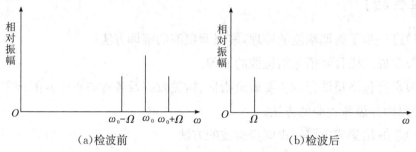

(a)检波前　　　　　　　　　　　(b)检波后

图 5-8-1　检波器检波前后的频谱

常用的检波方法有包络检波和同步检波两种。全载波振幅调制信号的包络直接反映了调制信号的变化规律,可以用二极管包络检波的方法进行解调,而抑制载波的双边带或单边带振幅调制信号的包络不能直接反映调制信号的变化规律,无法用包络检波进行解调,所以采用同步检波的方法。

(1)二极管包络检波的工作原理。当输入信号较大(>0.5 V)时,利用二极管单向导电特性对振幅调制信号的解调,称为大信号检波。大信号检波原理示意图如图 5-8-2(a)所示。检波的物理过程如下:在高频信号电压的正半周时,二极管正向导通并对电容器 C 充电,由于二极管的正向导通电阻很小,所以充电电流 i_D 很大,使电容器上的电压 V_C 很快就接近高频电压的峰值。充电电流的方向如图 5-8-2(a)所示。

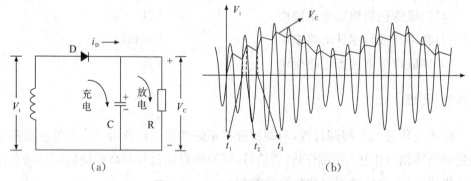

图 5-8-2　大信号检波原理示意图

这个电压建立后,通过信号源电路又反向地加到二极管 D 的两端。这时二极管导通与否,由电容器 C 上的电压 V_C 和输入信号电压 V_i 共同决定。当高频信号的瞬时值小于 V_C 时,二极管处于反向偏置,管子截止,电容器就会通过负载电阻 R 放电。由于放电时间常数 $R \cdot C$ 远大于调频电压的周期,故放电很慢。当电容器上的电压下降不多时,调频信号第二个正半周的电压又超过二极管上的负压,使二极管又导通。图 5-8-2(b) 中，t_1 至 t_2 的时间为二极管导通的时间，在此时间内又对电容器充电，电容器的电压又迅速接近第二个高频电压的最大值。图 5-8-2(b) 中，t_2 至 t_3 的时间为二极管截止的时间，在此时间内，电容器又通过负载电阻 R 放电。这样不断地循环反复，就得到图 5-8-2(b) 中电压 V_C 的波形。因此，只要充电很快，即充电时间常数 $R_d \cdot C$ 很小（R_d 为二极管导通时的内阻），而放电时间足够慢，即放电时间常数 $R \cdot C$ 很大，满足 $R_d \cdot C \ll R \cdot C$，就可使输出电压 V_C 的幅度接近于输入电压 V_i 的幅度，即传输系数接近 1。另外，由于正向导电时间很短，放电时间常数又远大于高频电压周期（放电时 V_C 基本不变），所以输出电压 V_C 的起伏是很小的，可看成与高频调幅波包络基本一致。而高频调幅波的包络又与原调制信号的形状相同，故输出电压 V_C 就是原来的调制信号，达到了解调的目的。

本实验电路如图 5-8-3 所示，主要由二极管 D 及 $R \cdot C$ 低通滤波器组成，利用二极管的单向导电特性和检波负载 $R \cdot C$ 的充放电过程实现检波，所以 $R \cdot C$ 时间常数的选择很重要。$R \cdot C$ 时间常数过大，会产生对角切割失真，又称惰性失真；$R \cdot C$ 时间常数太小，高频分量会滤不干净。综合考虑后，要求满足下式

$$R \cdot C \cdot \Omega_{\max} \leqslant \frac{\sqrt{1-m_a^2}}{m_a}$$

式中，m_a 是调幅系数，$\Omega_{\max}$ 为调制信号最高角频率。

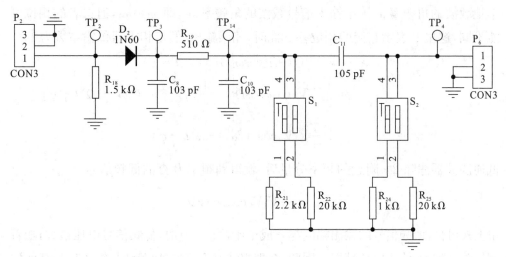

图 5-8-3　峰值包络检波 (465 kHz)

当检波器的直流负载电阻 R 与交流音频负载电阻 R_Ω 不相等，而且调幅度 m_a 又相当大时，会产生负峰切割失真（又称底边切割失真）。为了保证不产生负峰切割失真，应满足 $m_a < \dfrac{R_\Omega}{R}$。

(2) 同步检波。

① 同步检波原理。同步检波器用于对载波被抑制的双边带或单边带信号进行解调。它的特点是必须外加一个频率和相位都与被抑制的载波相同的同步信号,同步检波器的名称由此而来。

外加载波信号电压加入同步检波器可以有两种方式:一种是将它与接收信号在检波器中相乘,经低通滤波器后检出原调制信号,如图 5-8-4(a)所示;另一种是将它与接收信号相加,经包络检波器后取出原调制信号,如图 5-8-4(b)所示。

图 5-8-4　同步检波器方框图

本实验选用乘积型检波器,设输入的已调波为载波分量被抑制的双边带信号 v_1,则

$$v_1 = V_1 \cos\Omega t \cos\omega_1 t$$

本地载波电压

$$v_0 = V_0 \cos(\omega_0 t + \varphi)$$

本地载波的角频率 ω_0 等于输入信号载波的角频率 ω_1,即 $\omega_1 = \omega_0$,但二者的相位可能不同,这里 φ 表示它们的相位差。此时,相乘输出(假定相乘器传输系数为 1)

$$\begin{aligned}v_2 &= V_1 V_0 (\cos\Omega t \cos\omega_1 t) \cos(\omega_2 t + \varphi) \\ &= \frac{1}{2} V_1 V_0 \cos\varphi \cos\Omega t + \frac{1}{4} V_1 V_0 \cos[(2\omega_1 + \Omega)t + \varphi] \\ &\quad + \frac{1}{4} V_1 V_0 \cos[(2\omega_1 - \Omega)t + \varphi]\end{aligned}$$

低通滤波器滤除 $2\omega_1$ 附近的频率分量后,就得到频率为 Ω 的低频信号

$$v_\Omega = \frac{1}{2} V_1 V_0 \cos\varphi \cos\Omega t$$

由上式可见,低频信号的输出幅度与 φ 成正比,当 $\varphi=0$ 时,低频信号电压最大,随着相位差 φ 加大,输出电压减弱。因此,在理想情况下,除本地载波与输入信号载波的角频率必须相等外,希望二者的相位也相同,此时,乘积检波称为同步检波。

② 实验电路说明。实验电路如本节末图 5-8-7 所示,采用 MC1496 集成电路构成解调器,载波信号从 P_7 经相位调节网络 W_3、C_{13}、U3A 加在引脚 8、10 之间,调幅信号 $v_{AM}(t)$ 从 P_8 经 C_{14} 加在引脚 1、4 之间,相乘后信号由引脚 12 输出,经低通滤波器、同相放大器输出。

【实验步骤】

（1）二极管包络检波。

①连线框图如图 5-8-5 所示，在实验 5.7 中产生 AM 波，载波频率 $f_c=465$ kHz，音频 $F=1$ kHz，经二极管包络检波后，用示波器观测 4 号模块的 TP_4 输出波形。

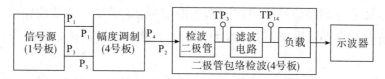

图 5-8-5　调幅输出进行二极管包络检波连线框图

②对振幅调制度 $M\leqslant 50\%$ 的调幅波检波，按照模拟乘法器调幅实验的操作步骤，微调载波信号或音频信号的幅度，获得峰-峰值为 2 V、振幅调制度 $M\leqslant 50\%$ 的已调波（将音频信号频率设置在 2 kHz 左右）。将 4 号板开关 S_1 拨为"10"，S_2 拨为"00"，即令检波器负载 $R_L=2.2$ kΩ，将示波器接入 TP_4 处，观察输出波形，见附录图 33。

③增加音频信号幅度，使振幅调制度 $M=100\%$，观察记录检波输出波形是否有失真，不失真波形参见附录图 34，附录图 35 中有削波失真现象。

④通过实验观察对角线切割失真（惰性失真）现象。在上面步骤③后，适当调节调制信号的幅度，使 TP_4 处检波输出波形最大且刚好不失真，再将开关 S_1 拨为"01"，S_2 拨为"00"，检波负载电阻由 2.2 kΩ 变为 20 kΩ，用示波器在 TP_4 处观察并记录波形，与上述波形进行比较。该负载电阻增加使得检波输出波形出现了对角线失真，见附录图 36。

⑤通过实验观察底部切割失真（负峰切割失真）现象。将开关 S_2 加入和 S_1 并联后交流负载变小，合理选择交流负载电阻，在 TP_4 处观察输出波形出现底部切割失真，见附录图 37，与正常解调波形进行比较。

（2）集成电路（乘法器）构成同步解调器的实验。

①连线框图如图 5-8-6 所示，信号源要确保载波与本振频率完全相同。

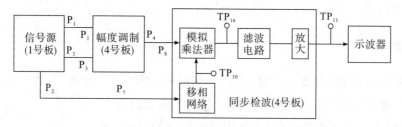

图 5-8-6　同步检波连线框图

②解调全载波调幅（AM）信号。按调幅实验内容获得调制度分别为 50%、100% 的 AM 波。将它们依次加至解调器调制信号输入端 P_8，并在解调器的本振

输入端 P_7 加上与调幅信号载波完全相同的频率信号(建议从一个信号源获得),分别观察解调输出波形,见附录图 38,并与调制信号对比,观察是否与 AM 波包络相同(注意:示波器用交流耦合)。

③解调抑制载波的双边带调幅(DSB)信号。按调幅实验中实验内容的条件获得抑制载波调幅波(DSB),加至解调器调制信号输入端 P_8,并在解调器的本振输入端 P_7 加上与调幅信号频率相同的本振信号,观察并记录解调输出波形是否与 DSB 波包络相同,如果不同,说明原因(注意:示波器用交流耦合),见附录图 39。

④解调 SSB 信号。按调幅实验中实验内容的条件获得等幅的 SSB 波,此时 SSB 波的频率是 $f_c\pm F$,将 SSB 波加至解调器调制信号输入端 P_8,并在解调器的本振输入端 P_7 加上与调幅信号频率相同的本振信号(建议从一个信号源获得),观察并记录解调输出波形是否与调制时对应的音频 F 相同(注意:示波器用交流耦合),可参考附录图 40 至图 42。

【实验报告要求】

(1)完成一系列检波实验,将相关内容整理在表 5-8-1 内,画出对应的示意图,标出输出信号频率值。

表 5-8-1 实验结果记录表

输入的调幅波波形	AM 波 $M<50\%$	AM 波 $M=100\%$	DSB 波	SSB 波
二极管包络检波器输出波形 (不失真时)				
同步检波输出波形 (不失真时)				

(2)观察对角切割失真和底部切割失真现象并分析其产生的原因。

(3)从工作频率上限、检波线性以及电路复杂性三个方面比较二极管包络检波和同步检波。

【思考题】

(1)二极管包络检波只能检 AM 波,如果是 DSB 波或 SSB 波,需要用什么检波方法?如果希望用二极管包络检波,电路应该如何设计?

(2)用示波器观察交流信号时,用交流耦合的方式有什么意义?

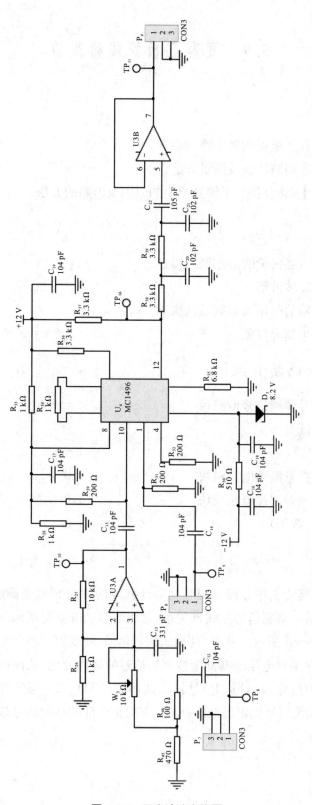

图 5-8-7 同步检波电路图

5.9 变容二极管调频实验

【实验目的】

(1)掌握变容二极管调频电路的原理。
(2)了解调频调制特性及测量方法。
(3)观察寄生调幅现象,了解其产生的原因及消除的方法。

【实验内容】

(1)测试变容二极管的静态调制特性。
(2)观察调频波波形。
(3)观察调制信号振幅对频偏的影响。
(4)观察寄生调幅现象。

【实验仪器和电路卡板】

(1)双路信号源或信号电路板　　　　　　1台(块)
(2)双踪示波器　　　　　　　　　　　　1台
(3)万用表　　　　　　　　　　　　　　1个
(4)变容二极管调频电路模块　　　　　　1块
(5)频率计或频率计电路模块　　　　　　1台(块)
(6)频偏仪(选用)　　　　　　　　　　　1台

【实验原理】

(1)变容二极管工作原理。调频就是让载波的瞬时频率受调制信号的控制,其频率的变化量与调制信号呈线性关系,常用变容二极管实现调频。变容二极管调频电路如图 5-9-1 所示。从 P_2 处加入调制信号,使变容二极管的瞬时反向偏置电压在静态反向偏置电压的基础上按调制信号的规律变化,从而使振荡频率也随调制电压的规律变化,此时从 P_1 处输出调频波(FM)。C_{12} 为变容二极管提供高频通路,L_2 为音频信号提供低频通路,L_2 可阻止外部的高频信号进入振荡回路。

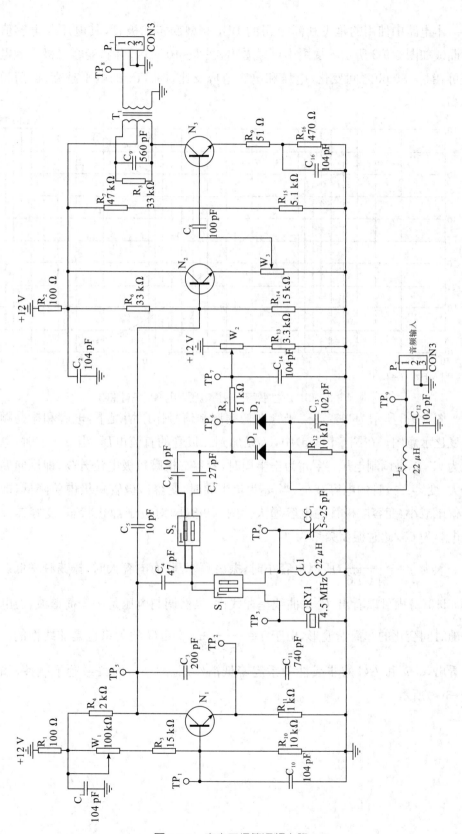

图 5-9-1 变容二极管调频电路

本电路中使用的是飞利浦公司的 BB149 型变容二极管,其电压与电容值特性曲线如图 5-9-2 所示。从图中可以看出,在 1~10 V 区间内,变容二极管的电容值可在 8~35 pF 之间变化,电压和电容值成反比,即 TP_6 的电平越高,振荡频率越高。

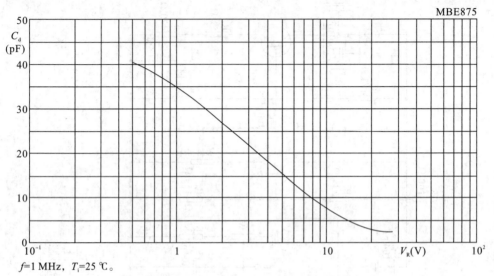

图 5-9-2　BB149 型变容二极管电压与电容值特性曲线

图 5-9-3 所示为当变容二极管在低频调制信号作用情况下,电容和振荡频率的变化示意图。在图 5-9-3(a)中,U_0 是加到二极管的直流电压,当 $u=U_0$ 时,电容值为 C_0,u_Ω 是调制电压,当 u_Ω 为正半周时,变容二极管负极电位升高,即反向偏压增大,变容二极管的电容减小;当 u_Ω 为负半周时,变容二极管负极电位降低,即反向偏压减小,变容二极管的电容增大。图 5-9-3(b)对应于静止状态,变容二极管的电容为 C_0,此时振荡频率为 f_0。

因为 $f=\dfrac{1}{2\pi\sqrt{LC}}$,所以电容小时,振荡频率高,而电容大时,振荡频率低。从图 5-9-3(a)中可以看出,C-u 曲线呈非线性,虽然调制电压是一个简谐波,但电容是随时间变化的非简谐波形,由于 $f=\dfrac{1}{2\pi\sqrt{LC}}$,$f$ 和 C 的关系也是非线性的。不难看出,C-u 和 f-C 的非线性关系起着抵消作用,即 f-u 的关系趋于线性,如图 5-9-3(c)所示。

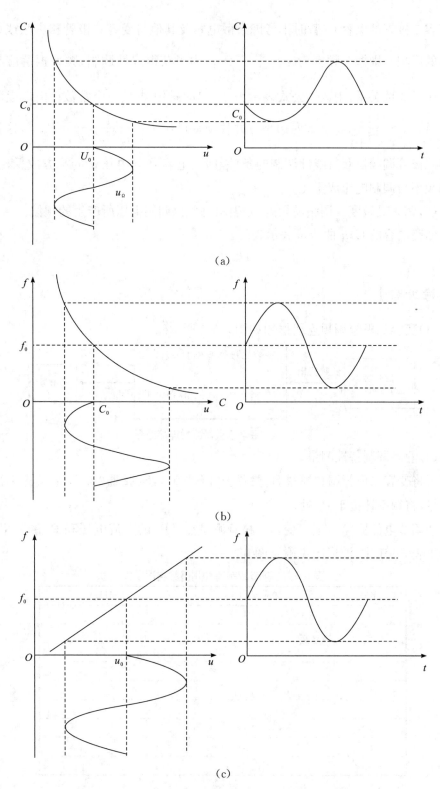

图 5-9-3 调制信号电压大小与调频波频率关系图解

(2)变容二极管调频器获得线性调制的条件。设回路电感为 L,回路的电容是变容二极管的电容 C(暂时不考虑杂散电容及其他与变容二极管相串联或并联电容的影响),则振荡频率为 $f=\dfrac{1}{2\pi\sqrt{LC}}$。为了获得线性调制,频率振荡应与调制电压呈线性关系,用数学公式表示为 $f=Au$,式中 A 是一个常数。由以上两式可得 $Au=\dfrac{1}{2\pi\sqrt{LC}}$,将上式两边平方并移项,可得 $C=\dfrac{1}{(2\pi)^2LA^2u^2}=Bu^{-2}$,这就是变容二极管调频器获得线性调制的条件,即当电容 C 与电压 u 的平方成反比时,振荡频率与调制电压成正比。

(3)调频灵敏度。调频灵敏度 S_f 表示每单位调制电压所产生的频偏。

回路电容的 C-u 曲线可表示为

$$C=Bu^{-n}$$

【实验步骤】

(1)变容二极管调频连线框图如图 5-9-4 所示。

图 5-9-4 变容二极管调频连接框图

(2)静态调制特性测量。

①将变容二极管调频模块 S_1 拨置于"LC"(01),S_2 接通"on",P_2 端先不接音频信号,将频率计接于 P_1 处。

②调节电位器 W_2,记下变容二极管测试点 TP_6 的直流电压和 P_1 的频率,并记录于表 5-9-1 中,波形图见附录图 43。

表 5-9-1 静态调制特性测量数据记录表

序号	V_{TP_6}(V)	f_0(MHz)
1		
2		
3		
4		
5		
6		
7		
8		
9		

(3)动态测试。

①将电位器 W_2 置于某一中值位置,因为电位器调整电压在 1～12 V 之间,中

值实际取值为 6~7 V,将峰-峰值为 4 V、频率为 2 kHz 左右的音频信号(正弦波)从 P_2 处输入。

②用示波器在 TP_8 处观察,可以看到调频信号特有的疏密波,见附录图 44。将示波器时间轴调慢(扫速调至 ms 挡),可以看到有低频寄生调幅现象。调频信号的频偏可用频谱分析仪观测或用示波器 FFT 读出,见附录图 45。

【实验报告要求】

(1)在坐标纸上画出静态调制特性曲线,求出其调制灵敏度,并说明曲线斜率受哪些因素的影响。

(2)画出实际观察到的 FM 波形,并说明频偏变化与调制信号振幅的关系。

【思考题】

调频电路在晶体振荡器上实现时,有什么特点?可以通过实验来验证。

5.10 模拟锁相环实验

【实验目的】

(1)了解用锁相环构成的调频波解调原理。
(2)学习用集成锁相环构成的锁相解调电路。

【实验内容】

(1)掌握锁相环的锁相原理。
(2)掌握同步带和捕捉带的测量方法。

【实验仪器和电路卡板】

(1)双路信号源或信号电路板　　　　　1 台(块)
(2)双踪示波器　　　　　　　　　　　1 台
(3)万用表　　　　　　　　　　　　　1 个
(4)锁相环电路模块　　　　　　　　　1 块
(5)频率计或频率计电路模块　　　　　1 台(块)

【实验原理】

(1)锁相环的基本组成。如图 5-10-1 所示,锁相环是由相位比较器(phase

conparator,PD,又称鉴相器)、低通滤波器(low pass filter,LPF)、压控振荡器(VCO)三个部分组成的一个闭合环路,输入信号为 $v_i(t)$,输出信号为 $v_o(t)$,反馈至输入端。下面逐一说明基本部件的作用。

图 5-10-1　锁相环组成框图

①压控振荡器。压控振荡器是本控制系统的控制对象,被控参数通常是其振荡频率,控制信号为加在压控振荡器上的电压,也就是一个电压-频率变换器,实际上还有一种电流-频率变换器,但习惯上仍称为压控振荡器。

②相位比较器。相位比较器是一个相位比较装置,用来检测输出信号 $v_o(t)$ 与输入信号 $v_i(t)$ 之间的相位差 $\theta_e(t)$,并把 $\theta_e(t)$ 转化为电压 $v_d(t)$ 输出,$v_d(t)$ 称为误差电压,通常 $v_d(t)$ 作为一直流分量或低频交流量。

③低通滤波器。低通滤波器作为一低通滤波电路,其作用是滤除因相位比较器的非线性而在 $v_d(t)$ 中产生的无用的组合频率分量及干扰,产生一个只反映 $\theta_e(t)$ 大小的控制信号 $v_e(t)$。

按照反馈控制原理,如果由于某种原因使压控振荡器的频率发生变化,使其与输入频率不相等,这必将使 $v_o(t)$ 与 $v_i(t)$ 的相位差 $\theta_e(t)$ 发生变化,该相位差经过相位比较器转换成误差电压 $v_d(t)$,此误差电压经低通滤波器滤波后得到 $v_e(t)$,由 $v_e(t)$ 去改变压控振荡器的振荡频率,使其趋近于输入信号的频率,最后达到相等。环路达到最后的这种状态称为锁定状态,当然由于控制信号正比于相位差,即

$$v_e(t) \propto \theta_e(t)$$

因此,在锁定状态,$\theta_e(t)$ 不可能为零,换言之,在锁定状态,$v_o(t)$ 与 $v_i(t)$ 仍存在相位差。锁相环(phase locked loop,PLL)如图 5-10-2 所示。

(2)锁相环锁相原理。锁相环是一种以消除频率误差为目的的反馈控制电路,它的基本原理是利用相位误差电压去消除频率误差,当电路达到平衡状态后,虽然有剩余相位误差存在,但频率误差可以降低到零,从而实现无频差的频率跟踪和相位跟踪。

当调频信号没有频偏时,若压控振荡器的频率与外来载波信号频率有差异,可通过相位比较器输出一个误差电压。这个误差电压的频率较低,通过低通滤波器滤去所含的高频成分,再去控制压控振荡器,使振荡频率趋近于外来载波信号频率。于是误差越来越小,直至压控振荡频率和外来信号一样,压控振荡器的频率被锁定在与外来信号相同的频率上,环路处于锁定状态。

第 5 章 通信电子线路基本实验

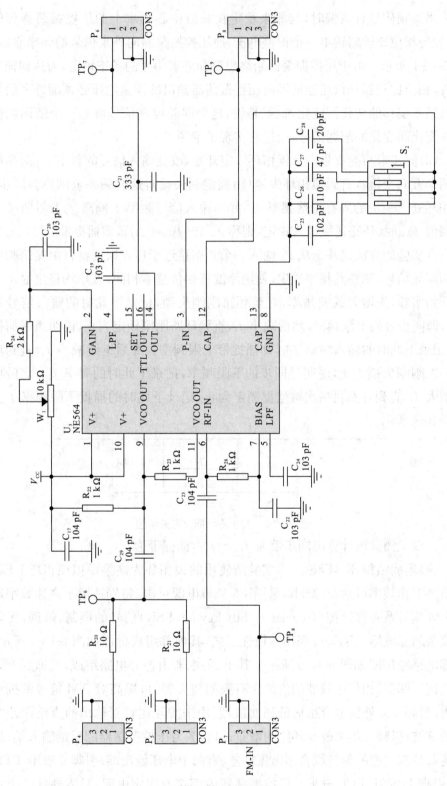

图 5-10-2 锁相环

当调频信号有频偏时,与原来稳定在载波中心频率上的压控振荡器相位比较,发现相位比较器输出一个误差电压,使压控振荡器向外来信号的频率靠近,如图 5-10-1 所示。由于压控振荡器始终想要和外来信号的频率锁定,为达到锁定的条件,相位比较器和低通滤波器向压控振荡器输出的误差电压必须随外来信号的载波频率偏移的变化而变化,也就是说,这个误差控制信号就是一个随调制信号频率变化而变化的解调信号,通过它实现了鉴频。

(3)同步带与捕捉带。从锁相环锁定开始,改变输入信号的频率 f_i(向高或向低两个方向变化),直到锁相环失锁(由锁定到失锁),这段频率范围称为同步带。锁相环处于一定的固有振荡频率 f_v,并当输入信号频率 f_i 偏离 f_v 上限值 f_{imax} 或下限值 f_{imin} 时,环路还能进入锁定,则称 $f_{imax} - f_{imin} = \Delta f_v$,即捕捉带。

本实验的方法是基于从 P_7 输入一个频率接近于压控振荡器自由振荡频率的高频调频信号,调整其频率锁定,使两路波形相位基本相同,波形均稳定显示。之后开始实验,先增大载波频率,直至环路刚刚失锁,记录下此时的输入信号频率 f_{H1},即同步带的上限频率,然后减小 f_i,直到环路刚刚锁定为止,说明频率捕捉成功,记录下此时的输入频率 f_{H2},即捕捉带上限频率。此后继续减小 f_i,直到环路再一次刚刚失锁为止,说明是同步的下限频率,记录下此时的频率 f_{L1},之后再一次增大 f_i,直到环路再一次被捕捉锁定为止,记录下此时的捕捉下限频率 f_{L2},如图 5-10-3 所示。

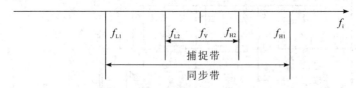

图 5-10-3　同步带与捕捉带关系图

由以上测试可计算出同步带为 $f_{H1} - f_{L1}$,捕捉带为 $f_{H2} - f_{L2}$。

(4)集成锁相环 NE564。本实验所使用的锁相环为高频模拟锁相环 NE564,其最高工作频率可达 50 MHz,采用+5 V 单电源供电,特别适用于高速数字通信中 FM 信号及频移键控(frequency-shift keying,FSK)信号的调制、解调,无须外接复杂的滤波器。NE564 采用双极性工艺,其内部组成框图如图 5-10-4 所示,其内部电路原理图如图 5-10-5 所示。其中,限幅器由差分电路组成,可抑制 FM 信号的寄生调幅;相位比较器的内部含有限幅放大器,可提高对 AM 信号的抗干扰能力;引脚 4、5 外接电容组成低通滤波器,用来滤除比较器输出的直流误差电压中的纹波;引脚 2 用来改变环路的增益;引脚 3 为压控振荡器的反馈输入端;压控振荡器是改进型的射极耦合多谐振荡器,有两个电压输出端;引脚 9 输出 TTL 电平;引脚 11 输出 ECL 电平。压控振荡器内部接有固定电阻,只需外接一个定时电容就可产生振荡,施密特触发器的回差电压可通过引脚 15 外接直流电压进行调整,以消除引脚 16 输出信号的相位抖动。

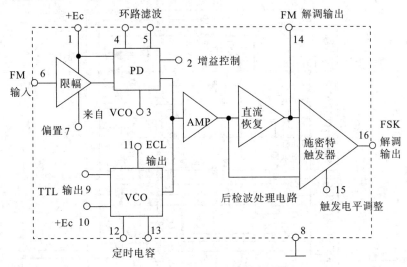

图 5-10-4　NE564 内部组成框图

①限幅放大器(limiter)。限幅放大器主要是由图 5-10-5 中的 $Q_1 \sim Q_5$ 及 Q_7、Q_8 组成 PNP、NPN 互补的共集-共射组合差分放大器,由于 Q_2、Q_3 负载并联有肖特基二极管 D_1、D_2,故其双端输出电压被限幅在 $2V_D = 0.3 \sim 0.4$ V。因此,可有效抑制 FM 信号输入时干扰所产生的寄生调幅。Q_7、Q_8 为射极输出差放,作为缓冲,其输出信号送至相位比较器。

②相位比较器。相位比较器内部含有限幅放大器,可提高对 AM 信号的抗干扰能力;外接电容 C 与内部两个对应电阻(阻值 $R = 1.3$ kΩ)分别组成一阶 RC 低通滤波器,用来滤除比较器输出的直流误差电压中的纹波,其截止角频率为 $\omega_c = \frac{1}{RC}$。滤波器的性能对环路入锁时间的快慢有一定影响,可根据要求改变 C 的值。在本实验电路中,改变 W_1 可改变引脚 2 的输入电流,从而实现环路增益控制。

③压控振荡器。压控振荡器是一种改进型的射极定时多谐振荡器。主电路由 Q_{21}、Q_{22} 与 Q_{23}、Q_{24} 组成。其中,Q_{22}、Q_{23} 两射极通过引脚 12、13 外接定时电容 C,Q_{21}、Q_{24} 两射极分别经过电阻 R_{22}、R_{23} 接电源 Q_{27}、Q_{25},Q_{26} 也作为电流源,Q_{17}、Q_{18} 为控制信号输入缓冲极。接通电源,Q_{21}、Q_{22} 与 Q_{23}、Q_{24} 轮流导通与截止,电容周期性充电与放电,Q_{22}、Q_{23} 集电极输出极性相反的方形脉冲。根据特定设计,固有振荡频率 f 与定时电容 C 的关系可表示为

$$C \approx \frac{1}{2200f}$$

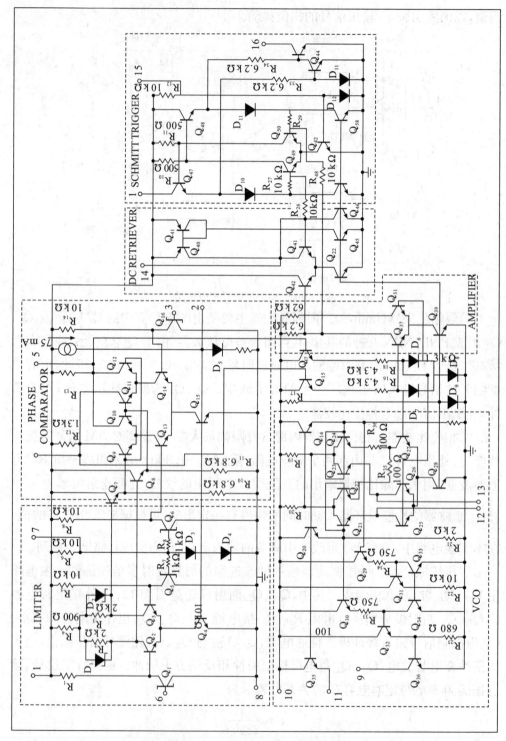

图 5-10-5　NE564 内部电路原理图

振荡频率 f 与 C 的关系曲线如图 5-10-6 所示。压控振荡器有两个电压输出端，其中，VCO_{01} 输出 TTL 电平，VCO_{02} 输出 ECL 电平。

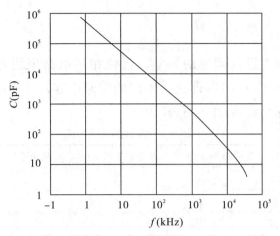

图 5-10-6　f 与 C 的关系曲线

输出放大器（amplifier）与直流恢复电路（DC retriever）是专为解调 FM 信号与 FSK 信号而设计的。输出放大器由 Q_{37}、Q_{38}、Q_{39} 组成，显然，这是一个恒流源差分放大电路，来自相位比较器的误差电压由引脚 4、5 输入，经缓冲后，双端送入输出放大器进行放大。直流恢复电路由 Q_{42}、Q_{43}、Q_{44} 等组成，电流源 Q_{40} 作为 Q_{43} 的有源负载。

若环路的输入为 FSK 信号，即频率在 f_1 与 f_2 之间周期性跳变的信号，则相位比较器的输出电压被输出放大器放大后分成两路，一路直接送至施密特触发器（Schmitt trigger）的输入，另一路送至直流恢复电路的 Q_{42} 基极，由于 Q_{43} 集电极通过引脚 14 外接一滤波电容，使直流恢复电路的输出电压为一个平均值（直流），这个直流电压 V_{REF} 再被送至施密特触发器另一输入端，作为基极电压。

若环路的输入为 FM 信号，直流恢复电路用作线性解调 FM 信号时的后置鉴相滤波器，那么，在锁定状态，引脚 14 的电压就是 FM 解调信号。

施密特触发器是专为解调 FSK 信号而设计的，其作用是将模拟信号转换成 TTL 数字信号。直流恢复输出的直流基准电压 V_{REF}（经 R_{26} 到 Q_{49} 基极）与被输出放大器放大了的误差电压 V_{dm} 分别送入 Q_{49} 和 Q_{50} 的基极。将 V_{dm} 与 V_{REF} 进行比较，当 $V_{dm} > V_{REF}$ 时，Q_{50} 导通，Q_{49} 截止，从而迫使 Q_{54} 截止，Q_{55} 导通，于是引脚 16 输出低电平；当 $V_{dm} < V_{REF}$ 时，Q_{49} 导通，Q_{50} 截止，从而迫使 Q_{54} 导通，Q_{55} 截止，引脚 16 输出高电平。通过引脚 15 改变 Q_{52} 的电流大小，可改变触发器上下翻转电平。上限电平与下限电平之差也称滞后电压 V_H，调节 V_H 可消除因载波泄漏而造成的误触发而出现的 FSK 解调输出，特别是在数据传输速率比较高的场合，此时，引脚 14 的滤波电容不能太大。

施密特触发器的回差电压可通过引脚 10 外接直流电压进行调整，以消除输出信号 TTL_0 的相位抖动。

【实验步骤】

(1)锁相环自由振荡频率的测量。将锁相环电路模块开关 S_2 依次设为"1000""0100""0010""0001"(即选择不同的定时电容),开启电源,用示波器从 TP_6 处观察自由振荡波形,并填写表5-10-1。

表 5-10-1　　实验结果记录表

开关选择	接入电容	实际波形示意图	参考频率(MHz)	实测频率(MHz)	幅度($V_{TP_6 p-p}$)
$S_2=1000$	$C=20$ pF		17		
$S_2=0100$	$C=47$ pF		9		
$S_2=0010$	$C=110$ pF		4.5		
$S_2=0001$	$C=1100$ pF		0.48		

四种不同电容接入的自由振荡波形及频率是不同的,需要真实记录,可参考附录图 46 至图 49。

(2)同步带和捕捉带的测量。

①将 S_2 设为"0010"(即压控振荡器的自由振荡频率为 4.5 MHz),并完成表 5-10-2 所示的连线。

表 5-10-2　　实验连线表

源端口	目的端口	连线说明
信号源:RF OUT1 输出信号 $f=480$ kHz 左右, $V_{p-p}=500$ mV	锁相环电路模块:P_7	为相位比较器送入参考信号
锁相环电路模块:P_5	锁相环电路模块:P_8	将压控振荡器输出送入相位比较器
锁相环电路模块:P_4	频率计:P_3	测量压控振荡器输出信号的频率

②用双踪示波器对比观测锁相环电路模块信号输入端 TP_8 和压控振荡器输出信号 TP_6 的波形,观察频率的锁定情况(两波形相位重叠一致即锁定),参考附录图 50,完成表 5-10-3。先按下 1 号模块上的"频率调节"旋钮,选择"×10"挡,然后慢慢增大载波频率,直至环路刚刚失锁,记录此时的输入频率 f_{H1},再减小 f_i,直到环路刚刚锁定为止,记录此时的输入频率 f_{H2},继续减小 f_i,直到环路再一次刚刚失锁为止,记录此时的频率 f_{L1},再一次增大 f_i,直到环路再一次刚刚锁定为止,记录此时的频率 f_{L2}。由以上测试可计算出同步带为 $f_{H1}-f_{L1}$,捕捉带为 $f_{H2}-f_{L2}$。

注意:这里只是选取了 $S_2=0010$ 这个频段做实验,其他三个频段的实验操作步骤基本一样,只需要调整锁相环电路模块中 S_1 的拨码方式及输入参考信号的频率即可。将另外三个频段的数据完成后和 $S_2=0010$ 的结果一同填入表 5-10-3 中。

③改变 W_1 的阻值(顺时针旋转,阻值变大;逆时针旋转,阻值变小),W_1 可改变引脚 2 的输入电流,从而实现环路增益控制。重做步骤②,在 TP_6 处观察压控

振荡器输出波形的幅度、同步带和捕捉带的变化,与表 5-10-3 中数据进行比较,得出结论。

表 5-10-3 同步带数据记录表

频率	同步带			
	捕捉带			
	f_{L1}	f_{L2}	f_{H2}	f_{H1}
$S_1=0001$				
$S_2=0010$				
$S_3=0100$				
$S_4=1000$				

【实验报告要求】

(1)整理实验数据,按要求填写实验报告。

(2)完成同步带和捕捉带的测量,说明为什么同步带大于捕捉带。

(3)分析 W_1 在电路中的作用及其对锁相环的作用。

5.11 自动增益控制

【实验目的】

(1)掌握自动增益控制(automatic gain control,AGC)的工作原理。

(2)掌握自动增益控制主放大器的增益控制范围。

【实验内容】

(1)比较没有自动增益控制和有自动增益控制两种情况下输出电压的变化范围。

(2)测量自动增益控制电路的增益控制范围。

【实验仪器和电路卡板】

(1)双路信号源或信号电路板　　　　　　　　1台(块)

(2)双踪示波器　　　　　　　　　　　　　　1台

(3)万用表　　　　　　　　　　　　　　　　1个

(4)自动增益控制电路模块　　　　　　　　　1块

(5)频率计或频率计电路模块　　　　　　　　1台(块)

【实验原理】

图 5-11-1 所示是以 MC1350 作为小信号选频放大器,从 D_1 开始到 U2B、U2A 为自动增益控制的电路图。F_1、F_2 为陶瓷滤波器(中心频率分别为 4.5 MHz 和 10.7 MHz),选频放大器的输出信号通过耦合电容连接到输出插孔 P_4,P_4 输出的是放大后的信号,输出信号另一路通过检波二极管 D_1 进入自动增益控制反馈电路,R_{14}、C_{18} 为检波负载,这是一个简单的二极管包络检波器。

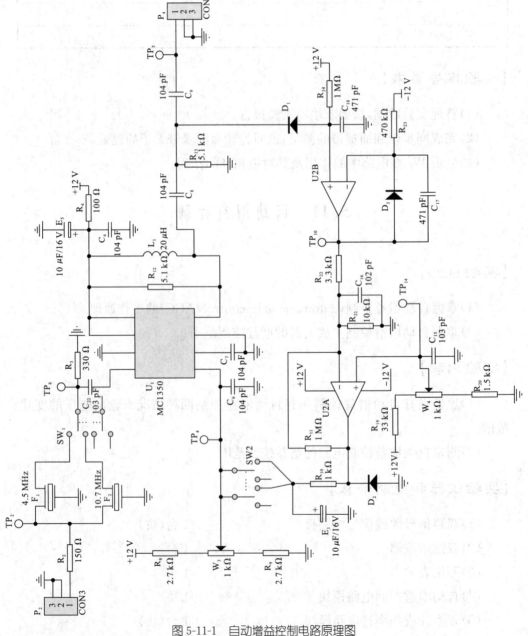

图 5-11-1　自动增益控制电路原理图

运算放大器 U2B 为直流放大器,其作用是提高控制灵敏度。检波负载的时间常数 $C_{18} \cdot R_{14}$ 应远大于调制信号(音频)的一个周期,以便滤除音频调制信号,避免自动增益控制失真,如此控制电压是正比于载波幅度的。当然,时间常数过大也不好,那样的话,它将跟不上信号在传播过程中发生的随机变化。跨接于运算放大器 U2B 的输出端与反相输入端的电容 C_{17} 构成交流负反馈,其作用是进一步滤除控制信号中的调制频率分量;二极管 D_3 可对 U2B 输出控制电压进行限幅;W_4 提供比较电压,反相放大器 U2A 的 2、3 两端电位相等(虚短),等于 W_4 提供的比较电压,只有当 U2B 输出的直流控制信号大于此比较电压时,U2A 才能输出自动增益控制电压。

一般对接收机中自动增益控制的要求是在接收机输入端的信号超过某一值后,输出信号几乎不再随输入信号的增大而增大。根据这一要求,可以拟出实现自动增益控制的方框图,如图 5-11-2 所示。

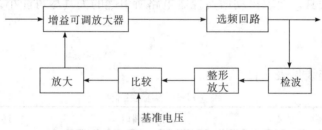

图 5-11-2 自动增益控制方框图

图 5-11-2 中,检波器将选频回路输出的高频信号变换为与高频载波幅度成比例的直流信号,经直流放大器放大后,与基准电压进行比较放大,然后作为接收机的增益调节电压。当输出不超过所设定的电压值时,直流放大器的输出电压也较小,加到比较器上的电压低于基准电压,此时环路断开,自动增益控制电路不起控。如果接收机输入端的电压突然超过了所设定的值,其输出必定增加,直流放大器的输出电压也相应地增大,此时送到比较器上的电压就会超过基准电压,则自动增益控制电路开始起控,即对主放大器的增益起控制作用。当主放大器(可控增益)的输出电压随接收机输入信号增大而增大时,直流放大器的输出电压控制主放大器,使其增益下降,其输出电压也下降,保持基本稳定。

自动增益控制电路的主要性能指标可分为动态范围、响应时间和信号失真。

(1)动态范围。对于自动增益控制电路来说,希望其输出信号振幅的变化越小越好,同时也希望在输出信号电平幅度维持不变时输入信号振幅 U_{im} 的变化越大越好,在给定输出信号允许的变化范围内,允许输入信号振幅的变化越大,则表明自动增益控制电路的动态范围越大,性能越好。

自动增益控制电路的动态增益范围 M_{AGC} 为

$$M_{AGC} = \frac{m_i}{m_o} = \frac{v_{imax}/v_{imin}}{v_{omax}/v_{omin}} = \frac{v_{omin}/v_{imin}}{v_{omax}/v_{imax}} = \frac{A_{1max}}{A_{1min}}$$

用分贝表示为

$$M_{AGC}(dB) = 20\lg m_i - 20\lg m_o = 20\lg A_{1max} - 20\lg A_{1min}$$

式中，$m_i = \dfrac{v_{imax}}{v_{imin}}$ 为自动增益控制电路允许的输入信号振幅最大值与最小值之比；$m_o = \dfrac{v_{omax}}{v_{omin}}$ 为自动增益控制电路限定的输出信号振幅最大值与最小值之比；A_{1max} 为输入信号振幅最小时可控增益放大器的增益，即最大增益；A_{1min} 为输入信号振幅最大时可控增益放大器的增益，即最小增益。

(2) 响应时间。从可控增益放大器输入信号振幅变化到放大器增益改变所需的时间为自动增益控制电路的响应时间。响应时间过慢，自动增益控制起不到效果，响应时间过快，又会造成输出信号振幅出现起伏变化，所以要求自动增益控制电路的反应即要能跟得上输入信号振幅变化的速度，又不能过快。

(3) 信号失真。要求自动增益控制电路所引起的失真尽可能小。

【实验步骤】

(1) 实验连线见表 5-11-1。

表 5-11-1 实验连线表

源端口	目的端口	连线说明
信号源：RF OUT1 $f=4.5$ MHz	自动增益控制模块：P_2	引入被控制信号
示波器连接方式		
通道 1	自动增益控制模块：TP_2	观测输入信号幅度
通道 2	自动增益控制模块：TP_5	观测输出信号幅度

(2) 测量开环时的动态范围（自动增益控制开关控制 SW_2 拨为 OFF）。

① 将自动增益控制模块开关 SW_1 拨到 4.5 MHz，打开电源，调节自动增益控制模块上的 W_3，使增益最大，调节信号源板上的"RF 幅度"旋钮，使其从 0 开始逐步增大，直到用示波器观察 TP_5 处输出信号 v_o 有清晰的波形，记下此时的输入端 TP_2 电压 V_{imin} 和 V_{omin}，记入表 5-11-2 中（也可以认定输入信号最小值就是 0）。

② 保持自动增益控制模块上的 W_3，使增益最大，调节信号源板上"RF 幅度"旋钮，逐步增大输入信号，使 TP_5 处输出信号 v_o 的幅值最大且不失真，记下此时的输入端 TP_2 电压 V_{imax} 和 V_{omax}，记入表 5-11-2 中。

表 5-11-2 开环动态范围数据记录表

V_{imin}		V_{imax}	
V_{omin}		V_{omax}	

(3) 测量闭环时的动态范围(自动增益控制开关拨为 ON)。

① 保持输入频率 4.5 MHz 不变,并且把"RF 幅度"旋钮调节到使输入信号最大、SW_1 仍为 4.5 MHz 的位置。

② 保持 W_3 增益最大,调节 W_4,使 TP_5 处的 v_o 峰-峰值为 600 mV。保持 W_3、W_4 位置不变,从最小或 0 开始调节"RF 幅度"旋钮,同时用示波器观察 TP_2 处波形,直至示波器上显示有幅度最小的正弦波,记下此时输入端 TP_2 处的峰-峰值 V_{imin},再用示波器测量 TP_5 处的 v_o 峰-峰值,并记下 V_{omin},填入表 5-11-3 中。保持 v_o 不失真的情况下(基本不失真),不断增大输入端信号,直至最大,记下此时 TP_2 处输入信号的幅度为 V_{imax},再用示波器测量 TP_5 处的 v_o 峰-峰值,并记下 V_{omax},填入表 5-11-3 中,最后代入公式计算。

表 5-11-3　闭环动态范围数据记录表

V_{imin}		V_{imax}	
V_{omin}		V_{omax}	

自动增益控制电路的动态增益范围 M_{AGC} 为

$$M_{AGC} = \frac{m_i}{m_o} = \frac{v_{imax}/v_{imin}}{v_{omax}/v_{omin}} = \frac{v_{omin}/v_{imin}}{v_{omax}/v_{imax}} = \frac{A_{1max}}{A_{1min}}$$

用分贝表示为

$$M_{AGC}(dB) = 20\lg m_i - 20\lg m_o = 20\lg A_{1max} - 20\lg A_{1min}$$

式中,A_{1max} 为输入信号振幅最小时可控增益放大器的增益,即最大增益;A_{1min} 为输入信号振幅最大时可控增益放大器的增益,即最小增益。

$$m_i = \frac{v_{imax}}{v_{imin}}$$

式中,m_i 为自动增益控制电路允许的输入信号振幅最大值与最小值之比。

$$m_o = \frac{v_{omax}}{v_{omin}}$$

式中,m_o 为自动增益控制电路限定的输出信号振幅最大值与最小值之比。

【实验报告要求】

(1) 整理实验数据,按要求填写实验报告。

(2) 分析自动增益控制的工作原理。

(3) 测试自动增益控制主放大器的增益控制范围。

(4) 比较没有自动增益控制和有自动增益控制两种情况下输出电压的变化范围。

第6章 课程设计

6.1 四种滤波器设计

【实验目的】

(1)学习四种滤波器的概念、原理和实际电路特点。

(2)掌握滤波器电路设计和调试的方法,为通信电子线路中不同需求的滤波器设计提供基础训练,培养解决实际问题的能力。

【实验内容】

(1)完成课程设计规定要求的滤波器设计。

(2)完成规定滤波器电路的组装和调试。

(3)实现修改滤波器参数下的滤波器调试,并归纳滤波器设计规律。

【实验仪器】

(1)信号源　　　　　　　　　　　1台
(2)双踪示波器　　　　　　　　　1台
(3)直流稳压电源　　　　　　　　1台

【实验原理】

滤波器是一种能使有用频率信号通过,同时抑制(或极大衰减)无用频率信号的电子电路,工程上常将它用于信号处理、数据传送和抑制干扰等。例如,有一个较低频率的信号,其中包含一些较高频率成分的干扰,通过滤波器,可滤除信号中无用的高频成分,确保低频信号干净。这类滤波方式主要通过滤波器对有用信号产生放大,对无用信号不产生放大甚至使其衰减,从而实现对不同频率成分的信号响应不同,这类滤波的方式称为模拟滤波。另一种方法是将待滤波的信号通过傅里叶变换,得到对应的频域信号,将有用信号的频谱保留,将无用信号的频谱滤除。将滤波后的频谱信号通过傅里叶反变换得到时域信号,就完成了对信号的滤波,这类方法称为数字滤波。

图 6-1-1 滤波电路的一般结构

滤波电路的一般结构如图 6-1-1 所示。图中 $v_i(t)$ 表示输入信号,$v_o(t)$ 表示输出信号。假设滤波电路是一个线性时不变网络,则在复频域内有

$$A(s) = \frac{v_o(s)}{v_i(s)}$$

式中,$A(s)$ 是滤波电路的电压传递函数,一般为复数。对于实际频率($s=j\omega$),则有

$$A(j\omega) = |A(j\omega)| e^{j\varphi(\omega)}$$

这里 $|A(j\omega)|$ 为传递函数的模,$\varphi(\omega)$ 为其相位角。此外,在滤波电路中所关心的另一个量为时延 $\tau(\omega)$,它的定义为

$$\tau(\omega) = -\frac{d\varphi(\omega)}{d\omega} (s)$$

通常用幅频响应特性时,要使信号通过滤波器的失真很小,还需考虑相位和时延响应。当相位响应 $\varphi(\omega)$ 呈线性变化,即时延响应 $\tau(\omega)$ 为常数时,输出信号才可能避免失真。

对于幅频响应,通常把能够通过的信号频率范围定义为通带,而把受阻或衰减的信号频率范围称为阻带,通带和阻带的界限频率称为截止频率。

理想滤波电路在通带内应具有零衰减的幅频响应,而在阻带内应具有无限大的幅度衰减($|A(j\omega)|=0$)。按照通带和阻带的相互位置不同,常见滤波电路通常可以分为低通滤波器(low pass filter,LPF)、高通滤波器(high pass filter,HPF)、带通滤波器(band pass filter,BPF)、带阻滤波器(band stop filter)等,其幅频响应曲线如图 6-1-2 所示。

滤波器采用的元器件有 LC 低通滤波器、石英晶体滤波器和陶瓷滤波器等。滤波器仅仅由无源器件组成(无放大器)的称为无源滤波器;滤波器由无源器件和有源器件(放大器)共同组成的称为有源滤波器。有关滤波器的知识可以参考其他资料。

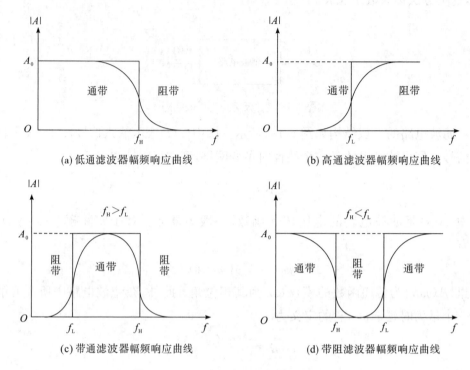

图 6-1-2 不同滤波电路的幅频响应示意图

【实验步骤】

本模拟滤波器由二阶巴特沃斯滤波器组成,分为二阶高通和二阶低通两种,均通过调节不同电路中的电位器实现上下截止频率的设定。

(1)二阶巴特沃斯滤波器电路如图 6-1-3 所示,交流信号由 BNC 座 J_2 接入,注意此时信号经过输入耦合电容 C_1,对低通会有一定影响,造成低通滤波器不是从 0 Hz 开始导通,因此,若需要完整的低通滤波,可以将交流信号从 C_2 和 R_7 之间加入。第一级集成运放 U_1 构成电压跟随器(又称隔离级),提高电路输入电阻,可以减小输入信号与后级电路之间的相关影响。此时,在 U_1 的第一脚是第一级电压跟随器输出,用示波器观察,显示信号无放大,且与接入波形信号相同,输入波形经过第一级电压跟随后,其输出接入由第二级运放 U_2 构成的两级 RC 低通滤波电路。这里调整可调电位器 VR_1、VR_2,可对低通滤波参数进行调节,VR_1 主要用于对上限截止频率进行粗调,VR_2 主要用于对上限截止频率进行微调。通过调节可调电位器 VR_1、VR_2,实现低通滤波器滤波频带范围上限频率 f_H 在 5~15 kHz 之间连续可调,此时,在测试点 TP_2 处用示波器观察显示滤波后的波形。

要得到相应的滤波器幅频特性,可以通过点频法使信号源和示波器配合,或通过扫频法,用扫频仪记录滤波器幅频特性,并画出幅频特性图。

(2) 第三级集成运放 U_3 又构成一级电压跟随器,起到隔离作用,经过这一级和随后输出到由第四级运放构成的两级 RC 高通滤波电路上,同样由可调电位器 VR_3、VR_4 对高通滤波参数下限截止频率 f_L 进行调节。VR_3 主要用于对下限截止频率进行粗调,VR_4 主要用于对下限截止频率进行微调。通过调节可调电位器 VR_3、VR_4,实现高通滤波器滤波频带下限截止频率 f_L 范围在 200 Hz～2 kHz 之间连续可调。

(3) 可以设计不同的下限截止频率 f_L 和上限频率 f_H,实现带通和带阻滤波器,当高通滤波器的下限截止频率 f_L 和低通滤波器的上限频率 f_H 不同时,可得:①带阻滤波器:高通滤波器的下限截止频率 f_L 大于低通滤波器的上限频率 f_H;②带通滤波器:高通滤波器的下限截止频率 f_L 小于低通滤波器的上限频率 f_H。

如果本电路的低通滤波器滤波频带范围上限频率 f_H 在 5～15 kHz 之间,而高通滤波器滤波频带的下限截止频率 f_L 范围在 200 Hz～2 kHz,显然经过这两级滤波器可以实现带通滤波器。当然,如果要实现带阻滤波器,必须使高通滤波器滤波频带的下限截止频率大于低通滤波器滤波频带范围上限频率。

【实验报告要求】

(1) 讨论不同滤波器的基本组成和工作原理。
(2) 列表整理实际测量出的滤波器幅频特性数据。
(3) 逐点画出对应的低通、高通和带通滤波器实测幅频特性图,分别标出对应滤波器的下限截止频率 f_L 或上限频率 f_H。
(4) 如果要在图 6-1-3 中得到带阻滤波器,需要修改哪些电路参数?
(5) 为获得一个带阻滤波器,请设计和调整元器件参数,并测试实际效果。

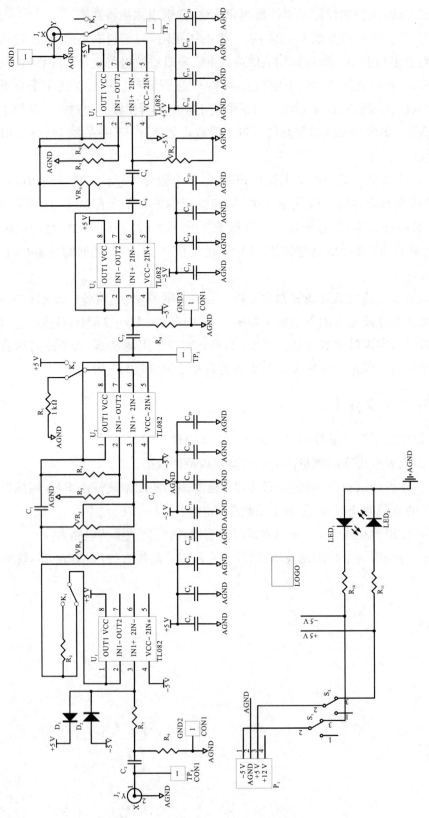

图 6-1-3 二阶巴特沃斯滤波器电路

6.2 锁相频率合成器设计

【实验目的】

(1)巩固锁相环概念、原理和实际电路特点。

(2)了解使用锁相环设计频率合成器电路的方法。

(3)通过实际锁相频率合成器电路的组装和调试,掌握锁相频率合成器输出不同需求频率信号的技术。

【实验内容】

(1)熟悉课程设计规定要求的频率合成器设计思路。

(2)完成规定锁相频率合成器电路的组装和参数调试。

(3)根据需要测试输出波形与频率。

【实验仪器】

(1)频率计　　　　　　　　　　　　　1台

(2)双踪示波器　　　　　　　　　　　1台

【实验原理】

晶体振荡器能产生稳定度很高的固定频率,但要改变频率,则需要更换晶体;LC振荡器虽然改换频率很方便,但频率稳定度很低。用锁相环实现的频率合成器同时具有频率稳定度高和改换频率方便的优点。

将给定的某一基准频率(使用频率稳定且准确的振荡器所产生的频率)通过一系列的频率算术运算,在一定频率范围内,获得频率间隔一定、稳定度和基准频率相同、数值上与输入基准频率成有理数比例的其他新频率的技术,称为频率合成。

锁相环的原理在模拟锁相环中已经详细讲述过,这里讲述锁相频率合成的方法。在实验箱中,将稳定度很高的 1 MHz 参考信号 f_i 进行 R 分频,从 P_3 输出,将压控振荡器输出信号 f_o 从 P_1 输入,然后进行 N 分频,从 P_2 输出。根据锁相环的知识可知 $f_i/R=f_o/N$,可以推出 $f_o=\dfrac{N}{R}f_i$,适当选择 R、N 的分频比,可以得到不同的频率。

锁相频率合成系统框图如图 6-2-1 所示(主时基为 1 MHz)。

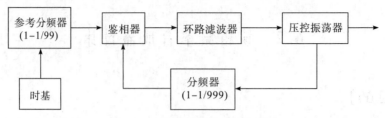

图 6-2-1 锁相频率合成系统框图

【实验步骤】

(1) 实验连线见表 6-2-1。

表 6-2-1 实验连线表

源端口	目的端口	连线说明
分频器(10号板):P_3	鉴相器(5号板):P_7	参考分频信号送入鉴相器
分频器(10号板):P_2	鉴相器(5号板):P_8	分频器输出连至鉴相器射频输入
分频器(10号板):P_1	鉴相器(5号板):P_5	压控振荡器输出连至分频器输入
鉴相器(5号板):P_4	频率计:P_3	合成频率输出

(2) 将分频器(10号板)的参考分频器拨码开关置于"1000 0000"(即 R 为十进制 80),即将 1 MHz 的基准信号进行了 80 分频处理,参考输出 P_3 的输出频率为 1 MHz/80=12.5 kHz。将分频器拨码开关拨为"0000 0011 0010"(即 N 为十进制 32),再将 5 号板锁相环中心频率开关 S_2 置于"0001",即压控振荡器频段设置为 400 kHz,打开电源开关。

(3) 用示波器观测压控振荡器输出端口 TP_6,适当调节电位器 W_1,直到 TP_6 的波形占空比比较均匀(占空比为 50%最好),此时压控振荡器输出口 P_4 的输出频率应为 400 kHz。

(4) 设置 10 号板 N 分频器值(N 为十进制 BCD 码),观察频率计的显示以及合成频率幅度的大小,并填入表 6-2-2 中。

表 6-2-2 分频器数据记录表(一)

输入信号分频数 N	30	32	34	36	38	40	42
输出电压 $V_{o(p-p)}$							
输出频率(kHz)							

(5) 改变鉴相器(模块 5)中 S_2 的设置,改变 N/M 的分频比,合成新的频率,自行设计表格。例如,将 S_1 设为"0010",即锁相环中心频率为 4.5 MHz。将 1 MHz 的基准信号进行 10 分频,即对应参考分频器应设置为"0001 0000"。用示波器观测压控振荡器输出端 TP_6,适当调节电位器 W_1,直到 TP_6 的波形占空比比较均匀(占空比为 50%最好)。

设置 N 分频器的分频值,观察并记录合成频率,并填入表 6-2-3 中。

表 6-2-3 分频器数据记录表(二)

输入信号分频数 N	42	43	44	45	46	47	48
输出电压 $V_{o(p-p)}$							
输出频率(kHz)							

说明:分频器拨码开关用十进制 BCD 码表示。例如,N 分频器共有 12 位拨码,则表示十进制范围为 1~999,如 N=191,则拨码开关应设置为"0001 1001 0001",每 4 位一组,大于 9 的数字无效。

【实验报告要求】

(1)写出频率合成器实验的基本原理。
(2)整理实验数据并填于表中。
(3)分析实测波形和频率锁定的范围。
(4)如果对参考信号进行不同的分频,得到的组合频率会有什么不同?

6.3 半双工调频无线对讲机设计

【实验目的】

(1)在模块实验的基础上掌握调频发射机、接收机的整机组成原理,建立调频系统概念。
(2)掌握系统联调的方法,培养解决实际问题的能力。

【实验内容】

(1)完成调频发射机整机联调。
(2)完成调频接收机整机联调。
(3)进行调频发送与接收系统联调。

【实验仪器】

(1)高频实验箱 2 台
(2)双踪示波器 1 台

【实验原理】

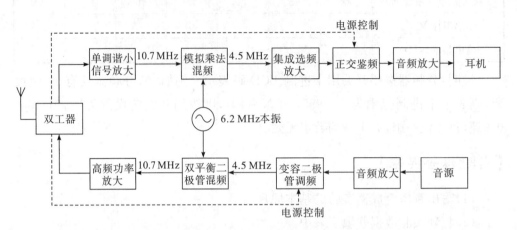

图 6-3-1 半双工调频无线对讲机原理框图

半双工调频无线对讲机原理框图如图 6-3-1 所示。发射机由音源、音频放大、变容二极管调频、双平衡二极管混频、高频功率放大等电路组成；接收器由高频单调谐小信号放大、模拟乘法混频、集成选频放大、正交鉴频和音频放大等部分组成。

半双工是指接收与发送共用一个载波信道，但同一时刻只能发送或接收。从图 6-3-1 中可以看到，发送与接收频率均为 10.7 MHz，公用一根天线。收发的切换依靠综合实验模块(10 号板)的 J_1 来完成，J_1 在没有按下去的情况下为接收状态，在按下去的情况下为发送状态。为了避免自身发送对接收的干扰，加入了电源控制，其作用是当接收电路工作时，发送电路关闭，反之亦然。

【实验步骤】

(1)准备 2 台实验箱，分别在关电状态下按表 6-3-1、表 6-3-2、表 6-3-3 连线。

表 6-3-1 实验连线发送部分

源端口	目的端口	连线说明
综合实验模块(10 号板)：P_7	正弦波振荡模块(3 号板)：P_2	将音频信号进行调制
正弦波振荡模块(3 号板)：P_1	混频变频模块(7 号板)：P_1	已调信号进到混频级
信号源(1 号板)：P_1	混频变频模块(7 号板)：P_3	本振信号输入
混频变频模块(7 号板)：P_2	高频功放(8 号板)：P_4	混频输出至高频功放
高频功放(8 号板)：P_1	综合实验模块(10 号板)：P_4	信号进入双工器

表 6-3-2　实验连线接收部分

源端口	目的端口	连线说明
综合实验模块(10号板):P_6	小信号选频放大模块(2号板):P_3	接收信号送入高频放大
小信号选频放大模块(2号板):P_1	混频变频模块(7号板):P_4	放大输出至混频器射频输入
信号源(1号板):P_2	混频变频(7号板):P_5	本振信号输入
混频变频(7号板):P_6	小信号选频放大模块(2号板):P_2	混频输出至中频放大
小信号选频放大模块(2号板):P_4	FM鉴频模块(5号板):P_2	鉴频
FM鉴频模块(5号板):P_3	综合实验模块(10号板):P_5	解调输出至音频功放
综合实验模块(10号板):EAR1	耳机	电声转换

表 6-3-3　实验连线电源控制(使用台阶线)

源端口	目的端口	连线说明
综合实验模块:P_8	FM鉴频模块:P_1	接收电源控制

（2）将正弦波振荡模块(3号板)S_1拨为"01"，S_2拨为"01"，小信号选频放大模块(2号板)SW_1拨置于"4.5 MHz"，SW_2拨置于"OFF"，FM鉴频模块(5号板)SW_1拨置于"4.5 MHz"，综合实验模块(10号板)SW_1拨到上方。

（3）打开电源，将1号板信号源调到6.2 MHz，使RF幅度最大。

（4）调整正弦波振荡模块(3号板)的W_2，使TP_8频率接近4.5 MHz。

（5）将小信号选频放大模块(2号板)的W_3旋到1/2处，综合实验模块(10号板)的W_1、W_2旋到1/3处。

（6）将拉杆天线接到综合实验模块(10号板)Q_1接口。

（7）按下综合实验模块(10号板)的J_1，对方应能听到音乐声，然后微调各单元电路，使声音最清晰。

（8）将话筒插入综合实验模块(10号板)"MIC1"，SW_1拨到下方，实现两台实验箱人声对讲。

【实验报告要求】

(1)写出实验目的和任务。
(2)画出调频发射机组成框图对应点的实测波形和大小。
(3)写出调试中遇到的问题，并分析原因。

6.4　多种波形变换电路设计

【实验目的】

(1)了解二极管限幅器的组成与工作原理。
(2)掌握用二极管限幅器实现非线性波形变换的原理与方法。
(3)熟悉任意波变方波的方法。

(4) 熟悉方波变脉冲波、方波变三角波的方法。

(5) 熟悉将三角波变换成正弦波的方法。

【实验内容】

(1) 观察经限幅器输出的波形。

(2) 观察各波形变换的结果。

【实验仪器】

(1) 信号源模块　　　　　　　　　　　　1 块
(2) 频率计模块　　　　　　　　　　　　1 块
(3) 波形变换模块　　　　　　　　　　　1 块
(4) 双踪示波器　　　　　　　　　　　　1 台

【实验原理】

(1) 限幅器原理。限幅器电路如图 6-4-1 所示,设输入信号电压为 V_i,二极管导通电压为 $V_{D(on)}$,二极管导通电阻为 r_d。当 $|V_i|<V_{D(ON)}$ 时,二极管截止,即 AB 段折线斜率为 $\dfrac{R_2}{R_1+R_2}$;当 $|V_i|>V_{D(ON)}$ 时,二极管导通,即 AA′、BB′ 段斜率为 $(R_2//r_d)/(R_1+R_2//r_d)$。由于 r_d 远远小于 R_2,因此其斜率近似为 $r_d/(R_1+r_d)$。

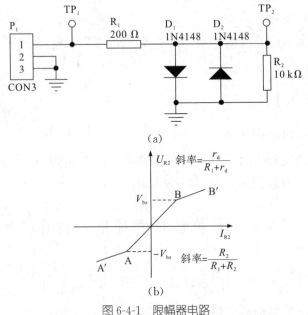

图 6-4-1　限幅器电路

(2) 任意波变方波原理。波形变换电路如图 6-4-2 所示,任意波变方波电路是指将任意波形信号从 P_3 输入,经 R_{11} 限流、双向限幅器限幅后从比较器的引脚 5

输入,从引脚 2 输出方波。此比较器为迟滞比较器,是在过零比较器的基础上引入正反馈 R_{12},其目的是抑制过零点附近的干扰。R_{14} 和稳压管构成钳位电路,R_{14} 起分压限流作用。

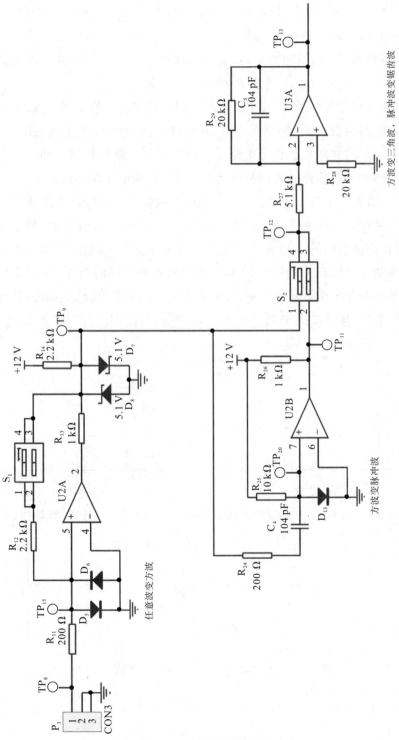

图 6-4-2 波形变换电路

(3)方波变脉冲波原理。方波经电阻 R_{24} 送入 U2B 运放,在无信号或信号正半周时,运放 U2B 的净输入值等于二极管 D_{13} 的导通电压,因为 U2B 工作在开环状态,所以输出电压为正的最大值。当输入电压为负半周时,由于 C_4 电容两端电压不能发生突变,C_4 右端即 U2B 同相输入端也为负电压,随着 C_4 电容的充电(充电电流从右至左),C_4 右端电压升高至为正,运放 U2B 输出电压很快又变成正的最大值,直到第二个负半周之前,由此中间就产生了一个负脉冲。输出负脉冲宽度由电容 C_4 和电阻 R_{24}、R_{25} 构成的时间常数决定。

(4)方波变三角波、脉冲波变锯齿波原理。方波变三角波、脉冲波变锯齿波是通过积分电路实现的(从高等数学上不难解释这两种波形变换的原理)。如图 6-4-2 所示,由 U3A 组成的积分电路是在普通积分电路的基础上加一个直流负反馈 R_{29},其作用是克服运放失调和初始输出直流分量的不确定性。

(5)三角波变正弦波原理。一个理想的二极管与一个线性电阻串联组合后的伏安特性可视为一条折线,如图 6-4-3 所示。若再与一个电源串联,则组成二极管限幅器,它将会生成另一条新的折线,如图 6-4-4 所示。同理,用具有不同电导的二极管支路分别与不同的电源相串联,可生成各种不同的折线,如图 6-4-5 所示。如将多条这种电路并联组合在一起,则可生成一条由多个折点组成的具有特定函数功能的电路,并可以此来逼近某一特定的曲线,此即为二极管函数电路,如图 6-4-6 所示。

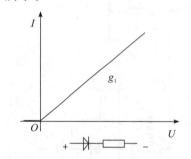

图 6-4-3 二极管与电阻串联的伏安特性

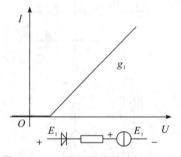

图 6-4-4 二极管限幅器的伏安特性

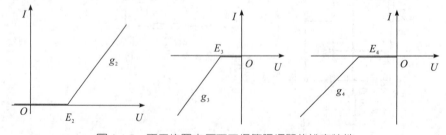

图 6-4-5 不同偏置电压下二极管限幅器的伏安特性

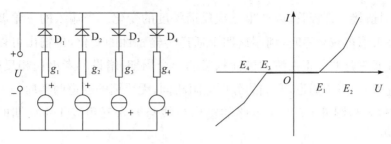

图 6-4-6　二极管函数电路实例及其伏安特性

图 6-4-7 所示的电路是一个由多个限幅器接在运放反馈支路中所构成的二极管函数电路。

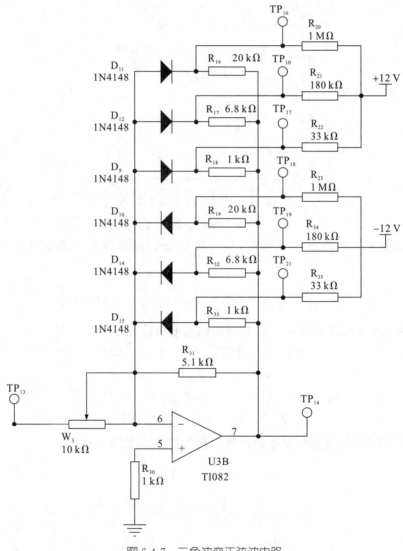

图 6-4-7　三角波变正弦波电路

为使变换后的输出波形有四个不同的斜率值，就要求电路在各个工作电压区间有四个不同的传输系数，二极管接于反馈电路中，反馈通道相应地应有四条，其中,三条通道接入二极管,以产生三次反馈深度的变化。当输入的三角波电压由零增至最大值再减至零时,利用这四个通道传输特性的变化,再输出可得到半个周期的近似正弦波。正弦波的极性相反的半个周期,增设参考电压相反(二极管也反接过来)的三个通道,它们的分压电阻相同,无反馈的通道两半周公用。

图 6-4-8 是图 6-4-7 所示电路的输出折线与输入三角波 1/4 周期的对应关系图。

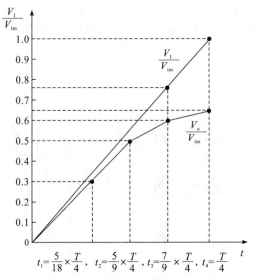

图 6-4-8 正弦波折线与三角波间的对应关系

为使输出折线逼近于正弦波,在二极管正弦函数变换电路的 1/4 周期中,选定

$$t_1 = \frac{5}{18} \times \frac{T}{4}, t_2 = \frac{5}{9} \times \frac{T}{4}, t_3 = \frac{7}{9} \times \frac{T}{4}, t_4 = \frac{T}{4}$$

当 V_{im} 为三角波的峰值时,$t_1 \sim t_4$ 对应的输入电压值分别为

$$|V_{i1}| = 0.28V_{im}, |V_{o1}| = 0.28V_{im}$$
$$|V_{i2}| = 0.56V_{im}, |V_{o2}| = 0.5V_{im}$$
$$|V_{i3}| = 0.78V_{im}, |V_{o3}| = 0.61V_{im}$$
$$|V_{i4}| = V_{im}, |V_{o4}| = 0.65V_{im}$$

折线各段对应的斜率即传输系数的绝对值与电路参数的关系是

$$|A_{f1}| = \frac{V_{o1}}{V_{i1}} = 1 = \frac{R_{f2}}{R_{f1}}$$

$$|A_{f2}| = \frac{V_{o2} - V_{o1}}{V_{i2} - V_{i1}} = 0.79 = \frac{R_{f2}//R_{a1}}{R_{f1}}$$

$$|A_{f3}| = \frac{V_{o3} - V_{o2}}{V_{i3} - V_{i2}} = 0.5 = \frac{R_{f2}//R_{a1}//R_{a2}}{R_{f1}}$$

$$|A_{f4}| = \frac{V_{o4} - V_{o3}}{V_{i4} - V_{i3}} = 0.18 = \frac{R_{f2}//R_{a1}//R_{a2}//R_{a3}}{R_{f1}}$$

而折线转折点电压与电路参数的关系是

$$V_{o1} = -\left(\frac{R_{a1}}{R_{b1}}V_R + \frac{R_{a1}+R_{b1}}{R_{b1}}V_{D1}\right)$$

$$V_{o2} = -\left(\frac{R_{a2}}{R_{b2}}V_R + \frac{R_{a2}+R_{b2}}{R_{b2}}V_{D2}\right)$$

$$V_{o3} = -\left(\frac{R_{a3}}{R_{b3}}V_R + \frac{R_{a3}+R_{b3}}{R_{b3}}V_{D3}\right)$$

式中，V_{D1}、V_{D2} 和 V_{D3} 表示三条支路的二极管在不同的工作电路情况下的导通电压。

【实验步骤】

(1) 将正弦波信号（音频信号）从 P_1 输入，在 TP_1 处观察输入信号的波形，在 TP_2 处观察输出波形，改变输入信号的幅度（使幅度在 100 mV～1.8 V 之间变化），观察输出波形的变化，并对比输入波形，记下输出波形的变化情况。

(2) 同步骤(1)，将正弦波改为三角波，对比正弦波的限幅情况。

(3) 将频率为 1 kHz 的任意波形信号从 P_3 输入，同时改变输入波形幅度，观察 TP_9 处波形的变化。

(4) 观察 TP_{20} 和 TH_{11} 处的波形，并分析变化的原因。

(5) 将开关 S_2 的 1 拨上，从 TP_{13} 处观察输出波形。

(6) 改变 W_3，观察 TP_{14} 处波形。

【实验报告要求】

(1) 整理实验数据，填写实验报告。

(2) 说明二极管限幅器的工作原理，并分析波形变换的方法。

6.5 超外差中波调幅收音机

【实验目的】

(1) 在模块实验的基础上掌握调幅收音机组成原理，建立调幅系统概念。

(2) 掌握调幅收音机系统联调的方法，培养解决实际问题的能力。

【实验内容】

测试调幅收音机各单元电路波形。

【实验仪器】

  (1) 耳机   1 副
  (2) 综合实验模块   1 块
  (3) 收音机模块   1 块
  (4) 小信号选频放大模块   1 块
  (5) AM 调制级检波模块   1 块
  (6) 双踪示波器   1 台
  (7) 万用表   1 块

【实验电路说明】

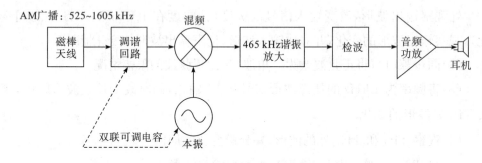

图 6-5-1 超外差中波调幅接收机

  如图 6-5-1 所示,中波调幅接收机主要由磁棒天线、调谐回路、本振、混频、谐振放大、检波、音频功放、耳机等组成。

  (1) 磁棒天线。磁棒天线是利用磁棒的高磁导率,有效地收集空间的磁力线,使磁棒线圈感应到信号电压。同时,磁棒线圈也是输入回路线圈,它身兼"两职",避免了天线的插入损耗。另外,磁棒线圈具有较高的 Q 值,故磁棒天线是十分优良的接收天线。它不但具有接收灵敏度高的特点,而且具有较好的选择性,因此,中波调幅收音机几乎均采用磁棒天线。

  (2) 调谐回路。从磁棒天线接收进来的高频信号首先进入调谐回路,调谐回路的任务是选择信号,在众多的信号中,只有载波频率与输入调谐回路的信号相同才能进入收音机。

  (3) 混频和本机振荡级。从调谐回路送来的调幅信号和本机振荡器产生的等幅信号一起送到混频级,经过混频级产生一个新频率,该新频率恰好是输入信号频率和本振信号频率的差值,称为差频。例如,输入信号的频率是 535 kHz,本振频率是 1000 kHz,那么它们的差频就是 1000－535＝465(kHz),当输入信号是 1605 kHz 时,本机振荡频率也跟着升高,变成 2070 kHz。也就是说,在超外差式收音机中,本机振荡的频率始终要比输入信号的频率高 465 kHz。这个在变频过程中新产生的差频比原来输入信号的频率低,比音频却高得多,因此将其称为中频。不论原来输入信号的频率是多少,经过变频以后都变成一个固定的中频,然后再送到中频放大器继续放大,这是超外差式收音机的一个重要特点。以上三种频率之间的关系可以用下式表示

本机振荡频率－输入信号频率＝中频

(4)谐振放大级。由于中频信号的频率固定不变,而且比高频略低(我国规定调幅收音机的中频为 465 kHz),因此它比高频信号更容易调谐和放大。通常谐振放大级包括 1－2 级放大回路和 2－3 级调谐回路,这使超外差式收音机的灵敏度和选择性比直放式收音机都提高了许多。可以说,超外差式收音机的灵敏度和选择性在很大程度上取决于谐振放大级性能的好坏。

(5)检波电路。经过谐振放大后,中频信号进入检波级,检波级的主要任务是在尽可能减小失真的前提下把中频调幅信号还原成音频。收音机常用的检波电路有二极管包络检波和三极管检波。

(6)音频功放级。检波级输出的音频信号很微弱,不能直接推动扬声器或耳机,需要经过音频功率放大电路来获得一定的功率去驱动负载。

在本实验中,需要观察调幅收音机各个单元电路的波形。由于电台信号较微弱,不便于仪器观测,因此,在试验中用信号源产生一个调幅信号来模拟电台信号。

【实验步骤】

(1)在断电状态下连接各个模块,实验连线见表 6-5-1。

表 6-5-1 实验连线表

源端口	目的端口	连线说明
信号源(1号板):P_1	收音机模块(9号板):P_1	模拟调幅信号
收音机模块(9号板):P_2	小信号选频放大模块(2号板):P_5	465 kHz 中频放大
小信号选频放大模块(2号板):P_6	AM 调制及检波(4号板):P_{10}	三极管检波输入
AM 调制及检波模块(4号板):P_{11}	综合实验模块(10号板):P_5	音频功放
综合实验模块(10号板):EAR1	耳机	电声转换

(2)打开电源,将信号源 RF 输出调成 1000 kHz 的调幅波,调节"AM 跳幅度"旋钮(顺时针调到底时调制度最大),使调制度大约为 30%。调整 RF 输出幅度,使收音机模块(9号板)TP_6 的幅度为峰-峰值 700 mV。

(3)调节收音机模块(9号板)的调谐盘,使 TP_4(本振测试点)的频率为 1465 kHz(用示波器观察时用交流耦合,注意触发电平的大小即示波器"LEVEL"的位置)。

(4)调节小信号选频放大模块(2号板)的 W_2，改变中放增益，一般可顺时针旋到底。调节2号板 T_2 和 T_3，改变中放谐振频率，直到耳机中的单音频声最清晰。

(5)调节 AM 调制及检波模块(4号板)的 W_4，改变三极管检波的直流偏置，使耳机中声音最清晰。

(6)调整好后，用示波器测量各点波形。收音机模块(9号板)TP_6 为接收的电台信号(模拟)，TP_5 为调谐回路输出，TP_4 为本振，TP_1 为三极管混频输出，TP_2 为中频输出，2号板 P_6 为中放输出，4号板 P_{11} 为检波输出，综合实验模块(10号板)TP_8 为音频功放输出。TP_1 与 TP_2 的区别在于，TP_2 经过了一级 LC 选频网络，谐振频率约为 465 kHz。

(7)记录各点的波形。

(8)关闭信号源，拔掉收音机模块(9号板)P_1 的连线，接收实际电台，再次观测各点的波形。

【实验报告要求】

(1)说明调幅接收机组成原理。

(2)根据调幅接收机组成框图测出对应点的实测波形，并标出测量值的大小。

6.6 超外差式 FM 收音机

【实验目的】

(1)在模块实验的基础上掌握超外差式 FM 收音机组成原理，建立调频系统概念。

(2)掌握 FM 收音机系统联调的方法，培养解决实际问题的能力。

【实验内容】

完成 FM 收音机整机联调。

【实验仪器】

(1)天线　　　　　　　　　　　　1根
(2)综合实验模块　　　　　　　　1块
(3)收音机模块　　　　　　　　　1块
(4)FM 鉴频模块　　　　　　　　　1块
(5)频率计　　　　　　　　　　　1块

(6) 小信号选频放大模块　　　　　　　　1 块
(7) 双踪示波器　　　　　　　　　　　　1 台
(8) 耳机　　　　　　　　　　　　　　　1 副

【实验说明】

(1) 调频广播与中波或短波广播相比，主要有以下几个优点：

①调频广播的调制信号频带宽，信道间隔为 200 kHz。单声道调频收音机的通频带为 180 kHz，调频立体声收音机的通频带为 198 kHz，高音特别丰富，音质好。

②调频广播发射距离较近，各电台之间干扰小。电波传输稳定，抗干扰能力强，信噪比高，失真小，能获得高保真的放音。

③调频广播能够有效地解决电台拥挤问题，调频广播的信道间隔为 200 kHz，在调频广播波段范围内可设立 100 个电台。调频广播传播距离近，发射半径有限，在我国多采用交叉布台的方法，一个载波可重复多次使用而不会产生干扰，有效地解决了调幅广播无法解决的频道不够分配的问题。

(2) 实验中超外差式 FM 收音机原理框图如图 6-6-1 所示。下面简单说明一下工作原理。我们身边的无线电波是看不到、摸不着的，但它们的确存在，从空间的角度去看略显复杂，因为无线电波是重叠在一起的。那么接收机又是怎么从这么复杂的环境中把我们想要的信号分离出来的呢？实际上，从频率的角度去看，这些无线电波并不是重叠的，在坐标轴中以横轴为频率轴，靠近原点的频率较低，一般是工频干扰，如我们使用的交流电有 50 Hz 的干扰（包括其谐波），家用电器工作时也会产生干扰。我国 AM 广播频段为 525～1605 kHz，FM 广播频段相对较高，为 88～108 MHz。远离原点的频率可能会有手机信号、卫星信号等，在这里只讨论 FM 频段。以武汉地区为例，共有十多个调频电台，这十多个电台信号都会进入收音机天线，并同时经过高放放大，调谐回路实际上是一个中心频率可调的 LC 带通滤波器，其作用是用来选择我们想要接收的电台频率，滤除其他电台频率。例如，我们想要收听 105.8 MHz 这个台，那么就应该调节调谐旋钮，使调谐回路的中心频率为 105.8 MHz，其他不需要的电台就会被滤除，这样可以提高信噪比。经过调谐回路选出来的 105.8 MHz 信号被送入混频器，与收音机内部的本地振荡器产生的频率进行混频（频率线性搬移），得到一个固定频率的中频信号。我国规定的 FM 广播中频频率为 10.7 MHz。

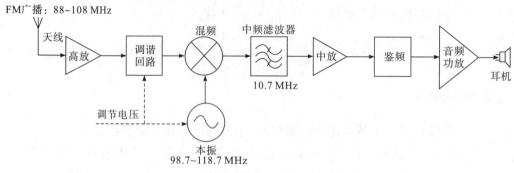

图 6-6-1　超外差式 FM 收音机原理框图

本振的频率也是可调的,这里我们要接收的是 105.8 MHz,中频 10.7 MHz,那么本振频率=105.8+10.7=116.5(MHz)。当然,理论上使用 105.8-10.7=95.1(MHz)的本振频率也行,但一般情况下都使用高本振,这是由于振荡电路在频率更高的情况下可以得到更大的频率变化范围。根据上面的讲解,我们可以算出 FM 收音机本振的频率范围为 98.7～118.7 MHz。频率调节时,通过 9 号板上的电位器 W_1 来完成,W_2 是频率微调,实际中的收音机也有用可调电容的,原理都差不多。在这里要注意,本振频率的调节与谐振选频回路的调节是通过同一个电位器来完成的,那么在设计收音机时就有一个要求,即要保证在调节的过程中,本振频率始终比调谐回路中心频率高 10.7 MHz,这一过程被形象地称为跟踪。从混频器出来的中频并不是单一的频率,两个频率相乘可以得到它们的和频和差频。

105.8 MHz 与本振 116.5 MHz 混频后可以产生 10.7 MHz 和 222.3 MHz 的频率,但除了这两个频率外,还会有其他频率,为什么会这样呢？这是因为前面的调谐回路滤波器并不是理想的矩形,而是存在一定的"斜坡",假设 105.8 MHz 附近的 105.6 MHz 也是一个电台,那么这个 105.6 MHz 的信号也是能通过调谐回路的,只不过被衰减了,离 105.8 MHz 越远,衰减得就越厉害。既然有一定量的 105.6 MHz 信号进入混频器,那么混频后就会产生 10.9 MHz 与 222.1 MHz 的频率。另外,混频器自身的非线性也会产生一些其他的频率分量。由此看来,有必要在混频级后面加上一个 10.7 MHz 的带通滤波器,滤除其他不需要的频率。经过滤波器的中频信号相对而言就较为单一了,对其进行一定增益的放大,再送入鉴频器解调,就可以还原出音频信号,此时的音频信号是很微弱的,需要经过功率放大才能推动耳机或扬声器。

【实验步骤】

本实验需要用到小信号选频放大模块、FM 鉴频模块、频率计、收音机模块、综合实验模块等。

(1) 在断电状态下连线，实验连线见表 6-6-1。

表 6-6-1　实验连线表

源端口	目的端口	连线说明
收音机模块(9 号板)：P_4	小信号选频放大模块(2 号板)：P_2	中频放大
收音机模块(9 号板)：P_3	频率计(6 号板)：P_2	本振频率观测
小信号选频放大模块(2 号板)：P_4	FM 鉴频模块(5 号板)：P_2	鉴频
FM 鉴频模块(5 号板)：P_3	综合实验模块(10 号板)：P_5	音频功放
综合实验模块(10 号板)：EAR1	耳机	电声转换

(2) 将小信号选频放大模块(2 号板) SW_1 拨置于"10.7 MHz"，SW_2 拨置于"OFF"。将 FM 鉴频模块 5 号板 SW_1 拨置于"10.7 MHz"。

(3) 在收音机模块(9 号板) Q_1 接口接上拉杆天线，打开电源。

(4) 按下频率计(6 号板)的"输入选择"键，选择通道 B。

(5) 计算接收电台需要的本振频率，然后调节收音机模块(9 号板)的 W_1，再微调 W_2，观察频率计读数，判断是否调准。例如，想要接收 105.8 MHz 的电台，那么本振频率应该为 116.5 MHz，然后调节 W_1 和 W_2，使频率计读数为 116.5 MHz。

(6) 调节小信号选频放大模块(2 号板)的 W_3，改变中放增益。

(7) 调节综合实验模块(10 号板) W_1，改变音量。

(8) 在耳机中听到电台声后，适当调整天线方向，微调 W_1 和 W_2，改变本振频率，使声音最清晰。

(9) 用示波器观察各点波形，并记录下来。

【实验报告要求】

(1) 阐述调频收音机组成原理。

(2) 根据调频收音机组成框图测出对应点的实测波形，并标出测量值大小。

参考文献

[1] 金伟正,代永红,王晓艳,等. 高频电子线路[M]. 北京:清华大学出版社,2020.

[2] 毕满清,牛晋川. 高频电子线路[M]. 北京:电子工业出版社,2019.

[3] 施娟,晋良念,周茜. 电路分析基础(第2版)[M]. 西安:西安电子科技大学出版社,2021.

[4] 蔡良伟. 数字电路与逻辑设计(第4版)[M]. 西安:西安电子科技大学出版社,2021.

[5] 高吉祥,陈威兵. 高频电子线路与通信系统设计[M]. 北京:电子工业出版社,2019.

[6] 刘长军,黄卡玛,朱铧丞. 射频通信电路设计[M]. 北京:科学出版社,2017.

[7] 杨翠娥. 高频电子线路实验与课程设计[M]. 哈尔滨:哈尔滨工程大学出版社,2001.

[8] 杨霓清. 高频电子线路[M]. 北京:机械工业出版社,2016.

[9] 陈尚松,雷加,郭庆. 电子测量与仪器[M]. 北京:电子工业出版社,2005.

[10] 林占江,林放. 电子测量技术(第4版)[M]. 北京:电子工业出版社,2019.

[11] 赵文宣. 电子测量与仪器应用[M]. 北京:电子工业出版社,2012.

[12] 郭庆,黄新,陈尚松. 电子测量与仪器(第5版)[M]. 北京:电子工业出版社,2020.

附录　主要实验的实际波形和信号参考图

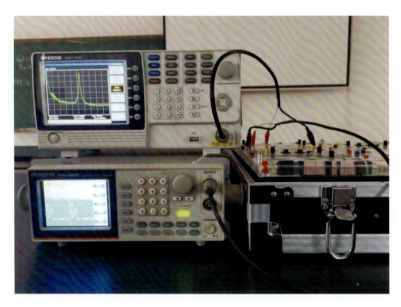

图 1　使用频谱仪测量小信号谐振放大器幅频特性工作台

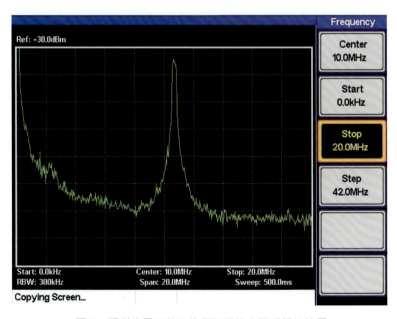

图 2　频谱仪显示的小信号谐振放大器幅频特性图

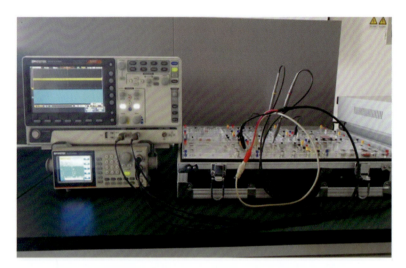

图3 使用点频法测量小信号谐振放大器幅频特性工作台

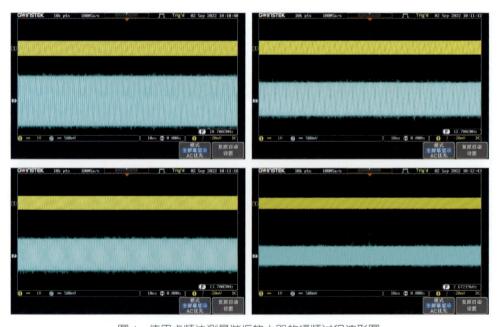

图4 使用点频法测量谐振放大器的幅频过程波形图

注：图中黄色波形代表不变的输入，蓝色波形代表变化的输出，输入不同频率得到不同的输出波形。

附录　主要实验的实际波形和信号参考图

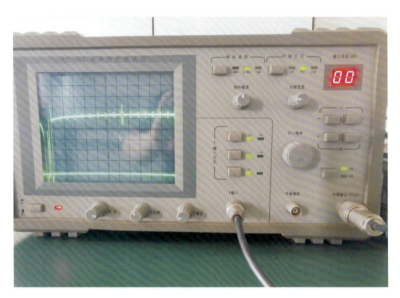

图 5　使用扫频法测量谐振放大器幅频特性前扫频仪自检图

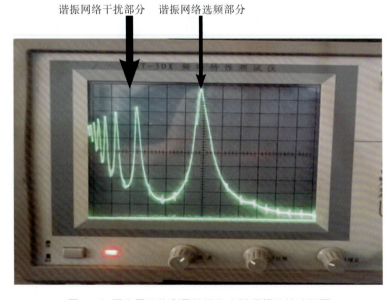

图 6　扫频仪显示的测量谐振放大器幅频特性波形图

(a) 谐振功放第一级甲类输出波形　　　　　　(b) 谐振功放第二级丙类输出波形

图 7　谐振功放输出波形图

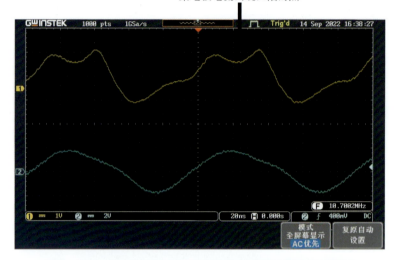

图 8　丙类谐振功率放大器过压时集电极电流出现中间凹陷图

注：R_L 取值变化使放大管进入饱和状态。

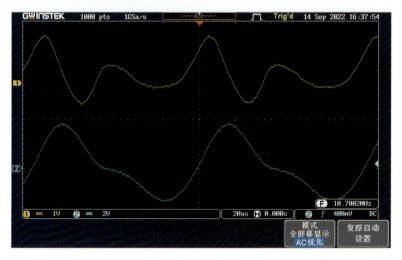

图 9　丙类谐振功率放大器欠压状态时集电极电流和输出的波形图

附录　主要实验的实际波形和信号参考图

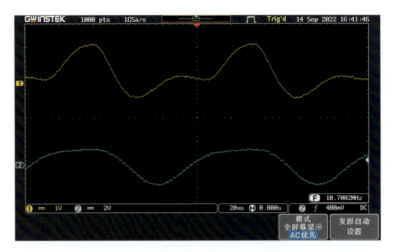

图 10　丙类谐振功率放大器临界状态时集电极电流和输出的波形图

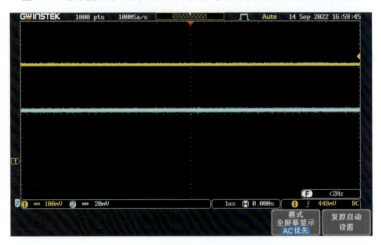

(a) 振荡器停振时的波形图

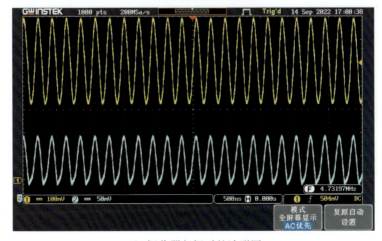

(b) 振荡器起振时的波形图

图 11　振荡器停振和起振时的波形图

注：图中蓝色波形为放大管发射级波形，黄色波形为振荡器输出波形。

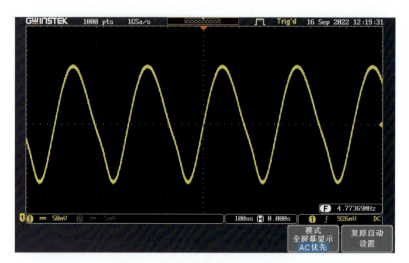

图12 振荡器标准输出的波形图

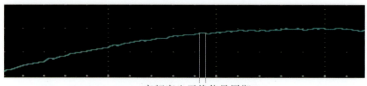

高频寄生干扰信号周期 T

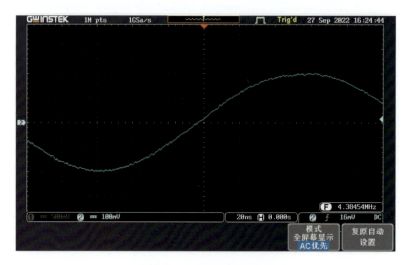

(a)振荡器高频寄生振荡的波形图

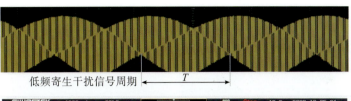

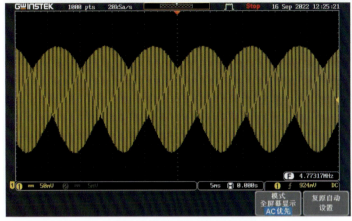

(b)振荡器低频寄生振荡的波形图

图 13　振荡器高频寄生振荡和低频寄生振荡输出的波形图

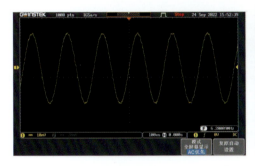
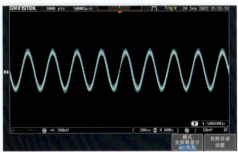

　　　　（a）　　　　　　　　　　　　　　（b）

图 14　两路不同频率信号用于混频器相加（上混频）的波形图

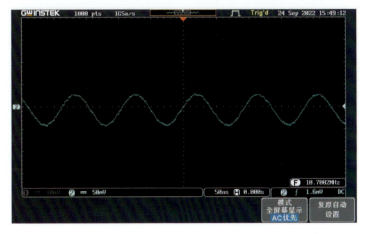

图 15　上混频混频器(a)(b)两路不同频率信号相加后的波形图

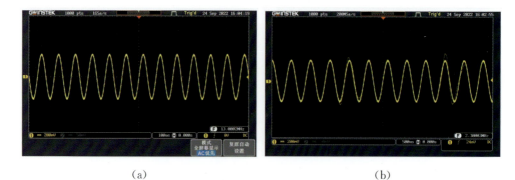

(a) (b)

图 16 两路不同频率信号用于混频器相减(下混频)的波形图

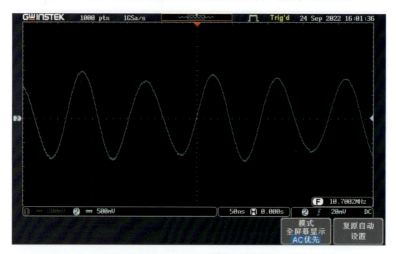

图 17 下混频混频器(a)(b)两路不同频率信号相减后的波形图

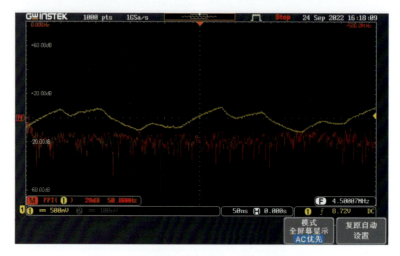

图 18 无滤波器时相乘器直接输出的波形图

注:图中黄色波形为众多的谐波,从示波器 FFT 波形可以看到对应频谱为红色波形。

附录　主要实验的实际波形和信号参考图

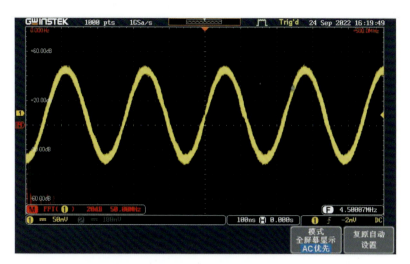

图 19　相乘器通过选频网络(4.5 MHz)输出单一频率分量(黄色)

注:图中示波器显示 F 数值为 4.50007 MHz(白色),波形变粗是因为有高频寄生干扰。

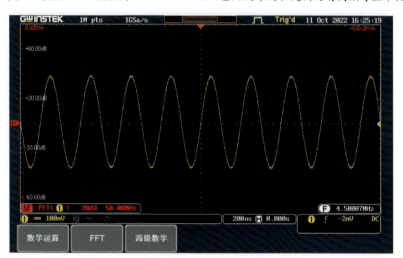

图 20　两路信号频率分别为 8.7 MHz 和 4.2 MHz 相减时得到的 4.5 MHz 信号波形图

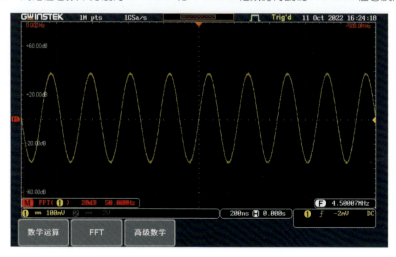

图 21　两路信号频率分别为 2.7 MHz 和 1.8 MHz 相加时得到的 4.5 MHz 信号波形图

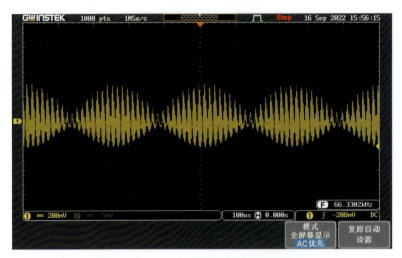

图 22　集成模拟相乘器实现 DSB 波波形图

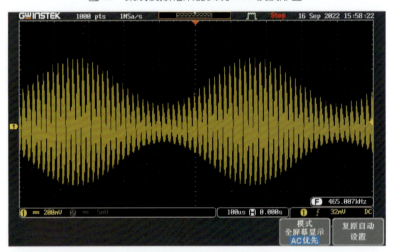

图 23　集成模拟相乘器实现 AM 波波形图（示波器记录长度为 1 kB 时）

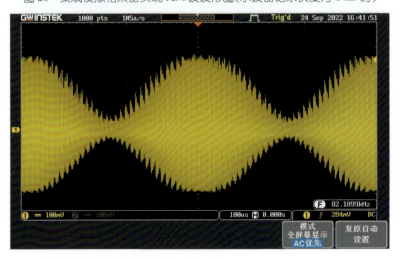

图 24　集成模拟相乘器实现 AM 波波形图（示波器记录长度为 1 MB 时）

附录　主要实验的实际波形和信号参考图

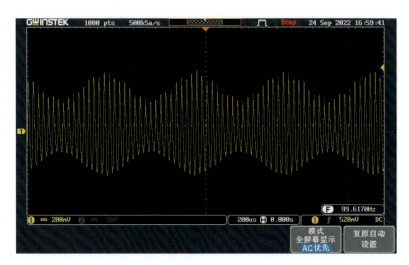

图 25　集成模拟相乘器实现 AM 波波形图($M=50\%$)

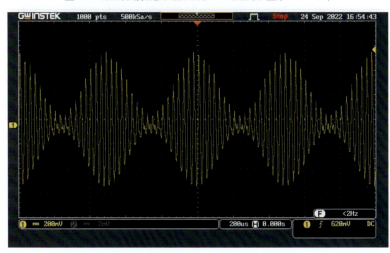

图 26　集成模拟相乘器实现 AM 波波形图($M=90\%$)

图 27　集成模拟相乘器实现失真的 AM 波波形图($M>100\%$)

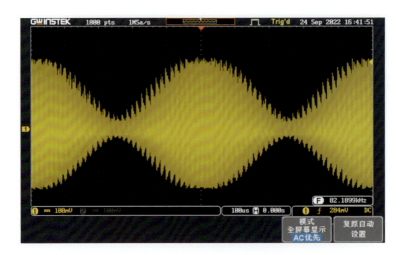

图 28　集成模拟相乘器实现 AM 波波形图($M=100\%$)

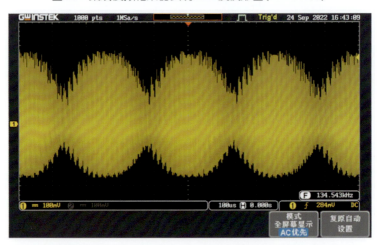

图 29　M 接近 100% 时的 AM 波获得的 DSB 波波形图

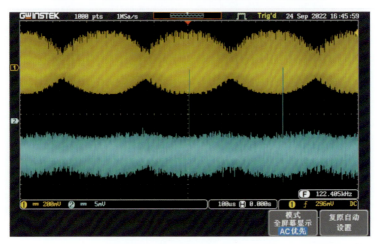

图 30　$F=2$ kHz 的 DSB 波波形图(黄色)和对应 SSB 波的实际波形图(蓝色)

注：当 SSB 出现不等幅时，有调幅现象。

附录　主要实验的实际波形和信号参考图

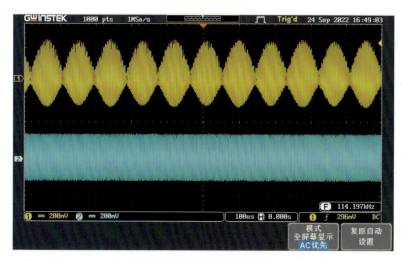

图 31　$F=5$ kHz 的 DSB 波波形图（黄色）和对应的 SSB 波波形图（蓝色）

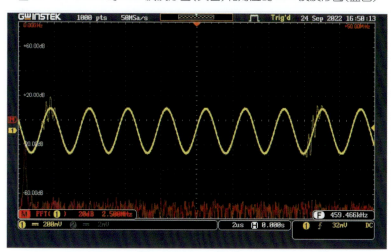

图 32　$F=5$ kHz 的 SSB 波波形图（黄色）和对应的 FFT 频谱图（红色）

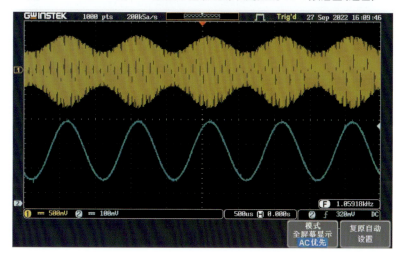

（a）

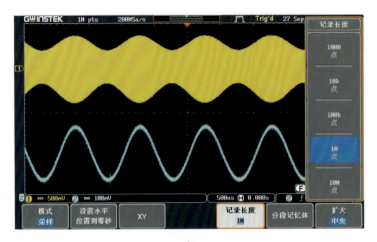

(b)

图 33　$M \leqslant 50\%$ 的 AM 波(黄色)和检波出来的低频信号(蓝色)

注:图中(a)为示波器记录长度为 100 Bytes 时,(b)为示波器记录长度为 1 MB 时。

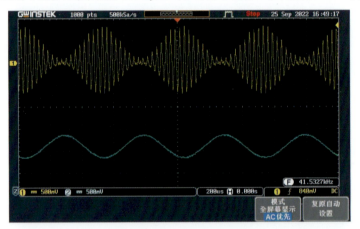

图 34　$M=100\%$ 的 AM 波(黄色)和对应检波出的音频(蓝色)图

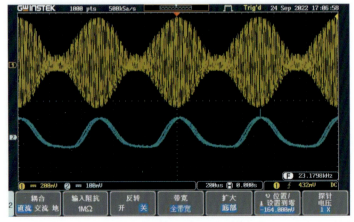

图 35　$M>50\%$ 的 AM 波和对应输出出现情况失真的波形图

注:图中蓝色波形为 $M>50\%$ 的 AM 波和检波出来的失真低频信号,负载变化,产生负峰(底部)切割失真。

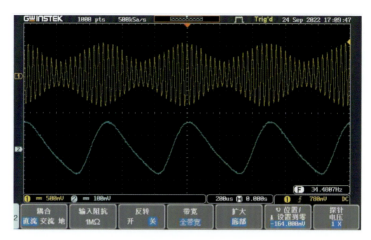

图 36　$M=50\%$ 的 AM 波和对应输出出现惰性失真的波形图

注:图中蓝色波形为 $M=50\%$ 的 AM 波和检波出现对角线(惰性)失真的低频信号(直流负载 R 等效较大时)。

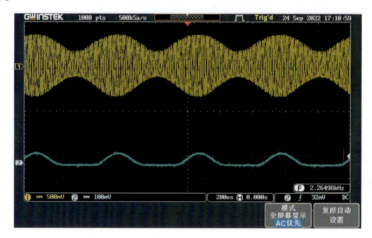

图 37　$M=50\%$ 的 AM 波和对应负峰切割失真的波形图

注:图中蓝色波形为 $M=50\%$ 的 AM 波和检波出来的负峰(底部)切割失真的低频信号(交流负载 R 等效较小时)。

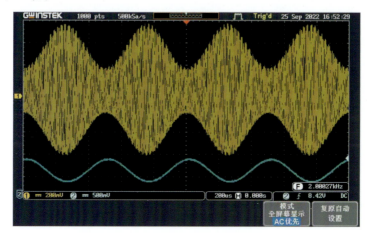

图 38　$M=50\%$ 的 AM 波(黄色)和对应检波出音频(蓝色)的波形图

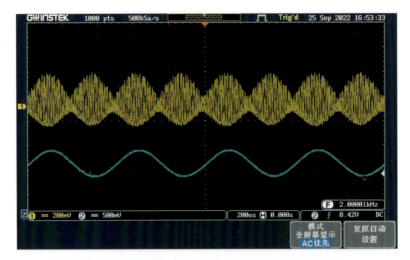

图 39　DSB 波(黄色)和对应检波出音频(蓝色)的波形图

图 40　SSB 波(黄色)和音频 $F=2$ kHz 时没有检波出对应音频(蓝色)的波形图

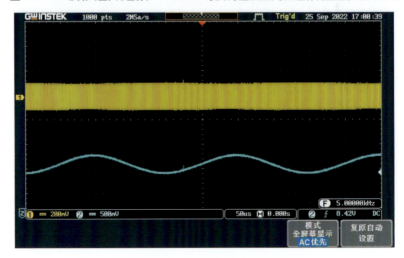

图 41　SSB 波(黄色)和音频 $F=5$ kHz 时检波出对应音频(蓝色)的波形图

附录 主要实验的实际波形和信号参考图

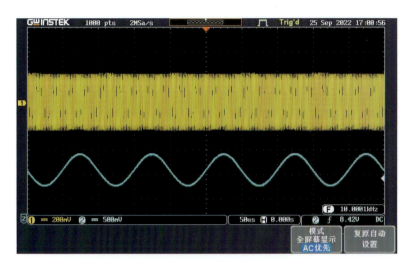

图 42 SSB 波(黄色)和音频 $F=10\ \text{kHz}$ 时检波出对应音频(蓝色)的波形图

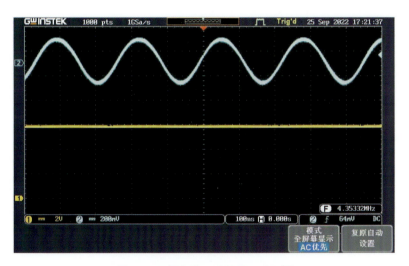

图 43 调频实验示波器显示波形图

注：图中左侧下方黄色矩形标记 ▭▶ 是示波器 Y 通道的直流零电位，黄色水平直线是测得 TP_6 端的直流电压值(每格 $3\times 2\ \text{V}=6\ \text{V}$)；蓝色波形为 6 V 电压时的输出，示波器所读频率为 $4.35332\ \text{MHz}$，也可以用频率计读取信号频率。

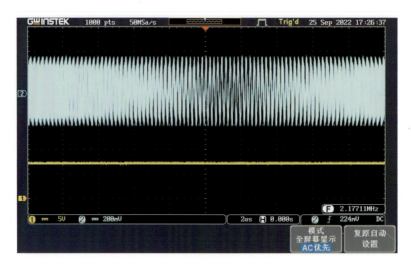

图44 调频波信号图

注:图中蓝色为调频波;黄色直线是对应的直流电压信号,调频波疏密度不同,中间疏一些,说明频率低,两边密一些,说明频率变高。

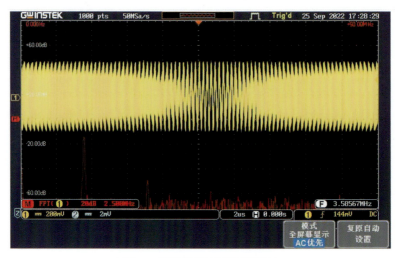

图45 调频波和对应的频谱图

注:图中黄色为调频波;底部红色波形是示波器FFT测试的调频波频谱图。

附录　主要实验的实际波形和信号参考图

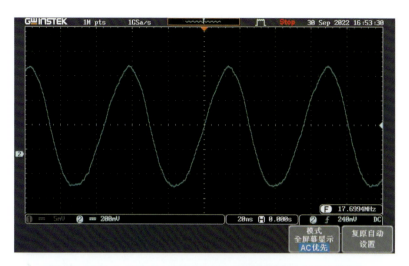

图46　开关 S_2 设为"1000"时在 TP_6 处观察的自由振荡波形图

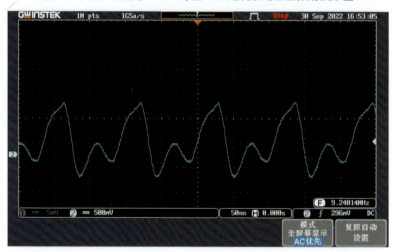

图47　开关 S_2 设为"0100"时在 TP_6 处观察的自由振荡波形图

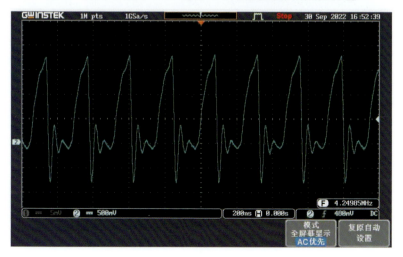

图48　开关 S_2 设为"0010"时在 TP_6 处观察的自由振荡波形图

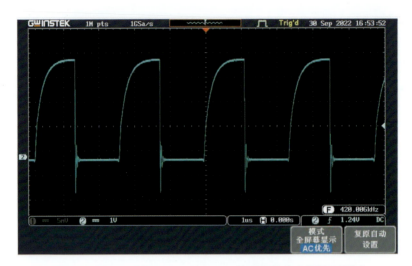

图 49　开关 S_2 设为"0001"时在 TP_6 处观察的自由振荡波形图

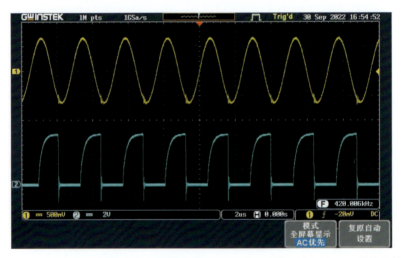

图 50　开关 S_2 设为"0001"时在 TP_6 处观察的自由振荡波形图和输入端 TP_8 的信号锁相图